# CHENGSHI GUIHUA

JISUANJI
FUZHU SHEJI

高职高专规划教材

# 城市规划
## 计算机辅助设计

赵 芸 | 主 编
韩睿彬 | 副主编

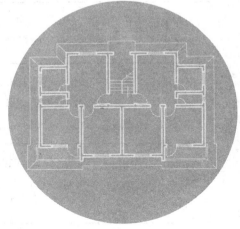

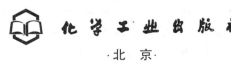

化学工业出版社

·北京·

本书比较全面地介绍了 Autodesk 公司的 AutoCAD 2006 与 Adobe 公司的 Photoshop CS 在城市规划制图中的相关知识，并结合实例，由浅入深地介绍这两种软件在该领域应用中的便捷方法和技巧。文中将城市规划制图要求与软件的操作应用融为一体，使本书具有很强的实用性。本书分为两大部分，第一部分介绍了 AutoCAD 2006 绘制二维平面图的基本功能和方法及应用实例介绍；AutoCAD 绘制城市总体规划图；城市详细规划图；建筑施工图。第二部分介绍了 Photoshop CS 的基本知识，图形如何从 CAD 导入到 Photoshop 及城市总体规划和详细规划表现图的制作。通过这些实例制作，可以在较短的时间内掌握电脑城规制图的方法和技巧。

　　本书为高职高专城镇规划专业、建筑设计技术等专业的教材，也可供相关工程技术人员参考。

**图书在版编目（CIP）数据**

　　城市规划计算机辅助设计 / 赵芸主编. —北京：化学工业出版社，2010.2（2014.6 重印）
　　高职高专规划教材
　　ISBN 978-7-122-07499-7

　　Ⅰ. 城…　Ⅱ. 赵…　Ⅲ. 城市规划-计算机辅助设计-高等学校：技术学院-教材　Ⅳ. TU984-39

　　中国版本图书馆 CIP 数据核字（2009）第 242431 号

---

责任编辑：王文峡　　　　　　　　　　　文字编辑：吴开亮
责任校对：郑　捷　　　　　　　　　　　装帧设计：尹琳琳

---

出版发行：化学工业出版社（北京市东城区青年湖南街 13 号　邮政编码 100011）
印　　装：三河市万龙印装有限公司
787mm×1092mm　1/16　印张 14½　字数 371　千字　　2014 年 6 月北京第 1 版第 2 次印刷

---

购书咨询：010-64518888（传真：010-64519686）　　售后服务：010-64518899
网　　址：http: // www.cip.com.cn
凡购买本书，如有缺损质量问题，本社销售中心负责调换。

---

定　　价：28.00 元

# 前言

　　本书结合高等职业技术教育的特点，根据高职高专城市规划专业技术应用型人才的培养要求编写而成。全书立足于教育部关于"培养与社会主义现代化建设相适应、德智体美等全面发展，具有综合职业能力，在生产、服务、技术和管理第一线工作的应用型专门人才和劳动者的培养目标，符合人才培养规律和教学规律，注意学生知识能力和素质的全面发展。

　　为了适应高职高专城市规划专业人才培养目标的要求，本书比较全面地介绍了 Autodesk 公司的 AutoCAD 2006 与 Adobe 公司的 Photoshop CS 在城规制图中的相关知识，并结合实例，由浅入深地介绍这两种软件在该领域应用中的便捷的方法和技巧，文中将城规制图要求与软件的操作应用融为一体，使本书具有很强的实用性。本书分为两大部分，第一部分介绍了 AutoCAD 2006 绘制二维平面图的基本功能和方法及应用实例介绍 AutoCAD 绘制城市总体规划图、详细规划图和建筑施工图。第二部分介绍了 Photoshop CS 的基本知识，图形如何从 CAD 导入到 Photoshop 及城市总体规划和详细规划表现图的制作。通过这些实例制作，可以在较短的时间内掌握电脑制图的方法和技巧。

　　参加本书编著的人员有赵芸、韩睿彬、朱翠萍、邬京虹、林婷婷。由浙江省建设职业技术学院赵芸任主编，韩睿彬任副主编。其中赵芸编写第一、四、五、七章及第九章；韩睿彬写第十、第十一章；朱翠萍编写第八章；邬京虹编写第三、第六章；林婷婷编写第二章。

　　由于我们水平有限，书中不妥之处，恭请各兄弟学校和读者给予批评指正。在此我们深表谢意！

编者

2009 年 9 月

# 目录

## 第一章　概述 　　　　　　　　　　　　　　　　　/1

## 第二章　AutoCAD 2006 的基本操作 　　　　/7

# 目录

城市规划计算机辅助设计

## 第三章　AutoCAD 2006 的绘图命令　/23

# 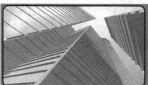目录

# 目录

# 目录

目录

城市规划计算机辅助设计

## 第九章　建筑施工图的专题练习　/139

城市规划计算机辅助设计

## 第十章　Photoshop 的基础知识　/155

# 目录

城市规划计算机辅助设计

## 第十一章　实例 　　　　　　　　　　　　　　　　　/167

# 目录 ↙

城市规划计算机辅助设计

# 第一章
## 概述

## 一、 计算机在城市规划绘图方面的应用现状及前景

计算机辅助设计又称 CAD（computer aided design），是指利用计算机的计算功能和高效的图形处理能力，对产品进行辅助设计分析、修改和优化。它综合了计算机知识和工程设计知识的成果，并且随着计算机硬件性能和软件功能的不断提高而逐渐完善。目前在计算机辅助设计领域，已涌现出数以千计的软件。

由于城市规划设计图所涉及的各种元素异常丰富、地形复杂多变、信息量极大，对软件性能要求高而用户少，故在国内一直没有广泛应用的城市规划专业绘图主流软件。目前常用于绘制城市规划图的软件，可大致分为平面图绘制软件和表现图绘制软件两大类。

AutoCAD 是美国 Autodesk 公司开发的计算机辅助绘图设计软件包。它作为一个通用平面设计软件，以其精确、易于掌握的特点，成为个人计算机 CAD 系统中的主流图形设计软件。在绘制城市规划图中， AutoCAD 主要用于绘制各类总体规划图、详细规划图、三维图和效果表现图的建模，不仅方便快捷，而且便于与其他专业的规划设计工作接轨，实现一定的资源共享，尤其对一些需多个单位参与配套设计的建设项目，更可大幅度地提高工作效率，在底图数据共享、设计交叉调整、设计修改变更、图纸成果输出等方面，达到了很高的效率。当前使用广泛的版本是 AutoCAD 2006 中文版。

在二维渲染图里面，AutoCAD 发挥着相当重要的作用，因为它所绘制的二维建筑线框图是进行二维渲染的基础。利用 AutoCAD 自身强大的绘图功能，可以准确地将设计师的设计意图表现出来，为二维渲染的精确程度作出有力的保障。AutoCAD 绘制出的平面图是进行二维渲染的基础。

渲染阶段和后期处理阶段，常用软件是 Photoshop CS。Photoshop CS 是 Adobe 公司开发的一种功能强大的平面图像处理软件，其最初是为照片的后期处理开发的，现在已广泛用于各种效果图的绘制渲染。当前使用广泛的最新版本汉化 Photoshop CS，不仅能对图片进行各种格式的转换和各种色彩处理，还具有各种绘图工具和滤镜，并具有强大的图层处理功能，处理出的效果图直观、迅速、逼真。

## 二、 主要应用软件 AutoCAD 2006、Photoshop CS 简介

### 1. AutoCAD 2006 软件简介

AutoCAD 2006 是 Autodesk 公司 2003 发布的最新版计算机辅助设计软件，是一套集平面作图、三维造型、数据库管理、渲染着色、国际互联网等功能于一体的强大设计软件。AutoCAD 2006 具有支持微机环境、操作简便、兼容性好、开放结构、便于二次开发等优点，能够满足不同层次用户的需求，是最受欢迎的图形软件之一。AutoCAD 2006 对用户界面进行了很大的改进，它让用户能更简单地与软件交互，使用户能更注重自己的设计。

中文版 AutoCAD 2006 采用了 XP 风格的界面，所有工具栏的图标都是真彩色的、蓝色基调，看起来很漂亮。在 2006 版本中，新增的功能强大的动态图块功能使用户可编辑图形外观而不需要炸开它们。用户可以在插入图形时或插入图块后操作图块实例。

AutoCAD2006 有如下新功能。

① 动态块；
② 增强的图案填充；
③ 改进的多行文字；
④ 动态输入；
⑤ 表格增强功能；

⑥ 快速计算器；

⑦ 属性提取；

⑧ 移植和自定义。

**2．AutoCAD 2006 安装方法**

① 在"安装 AutoCAD 2006"下，单击"安装"以启动 AutoCAD 2006 安装向导。

② 在"Autodesk 安装程序"页上单击"确定"，以安装所需的支持部件，如图 1-1 所示。

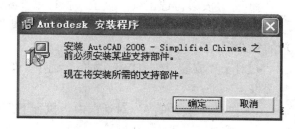

图 1-1　Autodesk 安装程序

③ 在"欢迎使用 AutoCAD 2006 安装向导"对话框中，单击"下一步"，如图 1-2 所示。

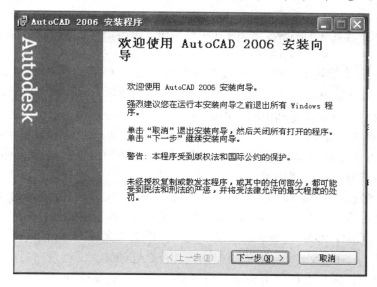

图 1-2　"AutoCAD 2006 安装向导"对话框

④ 查看所适用国家/地区的 Autodesk 软件许可协议。必须接受协议才能完成安装。要接受协议，请单击"我接受"，然后单击"下一步"。

●　**注意：**　●

如果不同意协议的条款，请单击"取消"以取消安装。

⑤ 在"序列号"页上，输入产品包装上的序列号或编组 ID。单击"下一步"。

●　**注意：**　●

如果同时具有编组 ID 和序列号，请在此处输入编组 ID。

⑥ 在"用户信息"对话框中，输入用户信息。在此输入的信息是永久性的，它们将显示在计算机的"AutoCAD"窗口中。由于以后无法更改此信息（除非删除安装该产品），因此请确保在此处输入正确的信息。单击"下一步"。

⑦ 在"选择安装类型"对话框中，指定所需的安装类型，然后单击"下一步"。"典型"安装类型将安装最常用的应用程序功能，建议大多数用户选择此选项。"自定义"将仅安装用户选择的应用程序功能。选择要安装的功能，然后单极"下一步"。

⑧ 在"安装可选工具"页上，执行以下操作。

• 对于"安装 Express Tools"选项，如果要安装 AutoCAD Express Tools，请选中此选项的复选框。

• 对于"安装三维 DWF 发布"选项，如果要安装三维 DWF 发布，请选中此选项的复选框。

⑨ 在"目标文件夹"对话框中，执行下列操作之一。

• 单击"下一步"，接受默认的目标文件夹 (C:\Program Files\AutoCAD 2006)。

• 输入路径或单击"浏览"，指定在其他驱动器和文件夹中安装 AutoCAD。 单击"确定"，然后单击"下一步"。

> ● **注意：** ●
>
> **要查看计算机驱动器上的磁盘空间大小，请单击"磁盘需求"按钮。**

⑩ 在"选择文本编辑器"页上，如果要编辑文本文件（例如 PGP 和 CUS 词典文件），请选择要使用的文本编辑器。 可以接受默认编辑器，也可以从可用文本编辑器列表中选择，还可以单击"浏览"以定位未列出的文本编辑器。

⑪ 在"选择文本编辑器"页上的"产品快捷方式"部分，选择是否要在桌面上显示 AutoCAD 快捷方式图标。默认情况下，产品图标将在桌面上显示。如果不希望显示快捷方式图标，请清除该复选框，然后单击"下一步"。

⑫ 在"开始安装"对话框中，单击"下一步"以开始安装。显示"更新系统"对话框，其中显示了安装进度。安装完成后，将显示"安装完成"对话框。

⑬ 在"AutoCAD 2006 已经成功安装"页上，单击"完成"。 如果单击"完成"，将从此对话框中打开"自述"文件。 自述文件包含 AutoCAD 2006 文档发布时尚未具备的信息。如果不需要查看"自述"文件，请清除"自述文件"旁边的复选框。

> ● **注意：** ●
>
> **也可以在安装 AUTOCAD 之后查看自述文件。**

⑭ 如有提示，请重新启动计算机。

3．AutoCAD 2006 系统的启动

可以用不同的方法启动 AutoCAD 2006 系统，常用的方法如下。

（1）双击快捷图标 双击 Windows 桌面上的 AutoCAD 2006 系统快捷图标。

（2）通过 Windows"开始"按钮 即"开始"→"程序"→"Autodesk"→"AutoCAD 2006-Simplified Chinese"→"AutoCAD 2006"。

第一次启动 AutoCAD 时，将显示产品激活向导。可在此时激活 AutoCAD，也可以先运行 AutoCAD 以后再激活它。如果不立即激活 AutoCAD，则在第一次运行该程序后的 30 天内，会始终显示产品激活向导。每次启动程序时，都会提示用户输入有效的激活码，直到输入为止。如果在运行 AutoCAD 30 天后未提供有效的激活码，则必须输入激活码才能运行 AutoCAD。激活 AutoCAD 后，将不再显示产品激活向导。

（3）Photoshop CS 简介

Adobe 公司的 Photoshop CS 是目前功能最强大的图形图像处理工具软件。Photoshop CS 功能强大，是二维渲染所必备的软件，也是最实用的软件，在 Photoshop CS 中，对图层、通道和路径都做到了真正的无限制，可以用它在二维渲染中建立更多的图层、通道和路径，以丰富表现形式，使作品更具表现力、建筑的感觉能够更准确、更生动地表现出来。

（4）Photoshop CS 安装

Photoshop CS 是一个标准的图像处理软件，其安装方法也是标准的。

打开安装盘，双击 Setup.exe 文件，运行安装程序后，会出现一些信息需要确认和填写，如是否接受协议、选择国家和地区、填写个人信息及产品序列号等，使用者只需跟随提示一步一步地执行即可。通常情况下，安装过程会顺序地进行。

（5）Photoshop CS 启动

单击任务栏的"开始"→"程序"→"Adobe"菜单，单击 Photoshop CS 图标即可启动该程序。为了方便工作，可以将 Photoshop CS 图标放置在桌面上。

## 三、本课程主要内容与考核方式

1．本课程主要内容

本课程主要结合城市规划绘图的特点介绍 AutoCAD 2006 和 Photoshop CS。主要内容有：AutoCAD 基本操作、AutoCAD 绘图命令、AutoCAD 图形编辑命令、图层的设置、文字与标注、图案填充、图块和属性、城市规划设计图专题训练、建筑施工图专题训练、Photoshop 基础知识、常用工具、城规总规和详规的渲染图、图册排版。从实用的角度出发，注重讲练结合和应用能力的培养。

2．本课程考核方式

学好计算机辅助设计的关键就是多练习，才能逐渐熟悉操作指令或过程。因为绘图软件的指令都是以一定的步骤、信息提供给使用者，所执行指令过程、操作都有信息提示，这些提示指引如何继续执行下一步操作，而初学者只有多练习才能熟悉这些操作。操作次数越多，印象也就越深刻。上机练习越多，遇到的问题也会越多，解决问题的过程就是一种最好的学习，百学不如一练。所以本课程的考试以上机考试为主。

# 第二章
## AutoCAD 2006 的基本操作

# 第一节 AutoCAD 2006 的显示界面

中文版 AutoCAD 2006 的工作界面主要由标题栏、菜单栏、工具栏、绘图窗口、文本窗口与命令行、状态栏和工具选项板窗口等部分组成。启动中文版 AutoCAD 2006 后，其工作界面如图 2-1 所示。

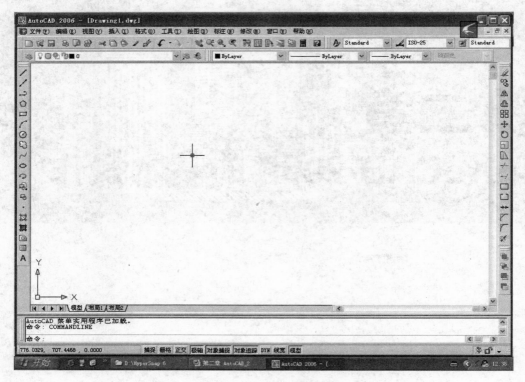

图 2-1　中文版 AutoCAD 2006 的工作界面

## 一、标题栏

在工作界面的标题栏中，从左向右分别显示 AutoCAD 2006 的图标，当前所操作的图形文件的名字（AutoCAD 的默认文件名为"Drawing N"，"N"为数字）。单击标题栏右端的 ▬□✕ 按钮，可以最小化、最大化或关闭程序窗口。单击 AutoCAD 2006 的图标，会弹出一个 AutoCAD 窗口控制下拉菜单，利用该下拉菜单中的命令，可以进行最小化或最大化窗口、恢复窗口、移动窗口或关闭 AutoCAD 等操作。

## 二、绘图窗口

绘图窗口是用户绘图的工作区域，所有的绘图结果都反映在这个窗口中。用户可以根据需要关闭其周围和里面的各个工具栏，以增大绘图空间。如果图纸比较大，需要查看未显示部分时，可以单击窗口右边与下边滚动条上的箭头按钮，或拖动滚动条上的滑块来移动图纸。

在绘图窗口中除了显示当前的绘图结果外，还显示当前使用的坐标系统类型以及坐标原点，X 轴、Y 轴、Z 轴的方向等。默认情况下，坐标系为世界坐标系（WCS）。

绘图窗口的下方有"模型"和"布局"选项卡，单击它们可以在模型空间或图纸空间之间来回切换。

## 三、光标

光标位于 AutoCAD 的绘图窗口时，为十字形状，称为"十字光标"。十字光标的交点为光标的当前位置。在下拉菜单"工具"→"选项"→"显示"可以调整十字光标的长度。AutoCAD 的光标用于绘图、选择对象等操作。

## 四、命令行窗口

命令行窗口是 AutoCAD 显示用户输入命令和提示信息的区域。默认设置命令行窗口为 3 行，显示最后 3 次所执行的命令和提示信息。在中文版 AutoCAD 2006 中，命令行可以拖放为浮动窗口，如图 2-2 所示。

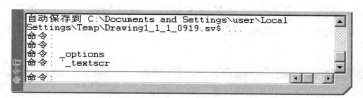

图 2-2 中文版 AutoCAD 2006 的命令行

## 五、状态栏

状态栏用来显示 AutoCAD 当前的作图状态，如当前鼠标指针所在处的坐标、命令和功能按钮的说明等。

状态栏也包含 8 个功能按钮，用于显示和控制"捕捉"、"栅格"、"正交"、"极轴"、"对象捕捉"、"对象追踪"、"DYN 线宽"的状态和"模型"或"图纸"空间，如图 2-3 所示。

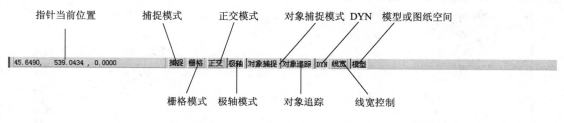

图 2-3 AutoCAD 状态栏

## 六、菜单栏与快捷菜单

1. 下拉菜单栏

中文版 AutoCAD 2006 的菜单栏由"文件"、"编辑"、"视图"、"插入"、"格式"、"工具"、"绘图"、"尺寸标注"、"修改"、"窗口"和"帮助"11 个一级菜单组成，把鼠标指针移至菜单栏中某一菜单名上，单击左键，即可打开该菜单。

AutoCAD2006 的下拉菜单具有如下性质。

（1）有效菜单和无效菜单 有效菜单以黑色字符显示，用户可选取、执行其命令功能。无效菜单以灰色字符显示，用户不可选取，也不能执行命令功能。

（2）带"▸"号的菜单项 菜单项右面有"▸"表示该菜单项具有下一级子菜单。

（3）带"..."号的菜单项 菜单项右面有"..."表示选择该菜单项后将显示一个对话框。

（4）带快捷键的菜单项 一般快捷键由几个按钮组合而成，用户可在不打开菜单的情况下，直接按快捷键，执行相应的菜单命令。在下拉菜单项后面的组合按钮即为该菜单项的快捷键。

2．快捷菜单

快捷菜单又称为上下文相关菜单。在绘图区域、工具栏、状态栏、模型与布局选项卡以及一些对话框上单击鼠标右键将弹出快捷菜单。该菜单中的命令与 AutoCAD 的当前状态有关。使用它们可以在不必启动菜单栏的情况下快速、高效地完成某些操作。

# 七、工具栏

工具栏是应用程序调用命令的另一种方式，它包含许多由图标表示的命令按钮。在 AutoCAD 中，系统提供了 20 多个已命名的工具栏。默认情况下，"标准"、"属性"、"绘图"和"修改"等工具栏处于打开状态，如图 2-4 所示为处于浮动状态的"标准"工具栏和"绘图"工具栏。

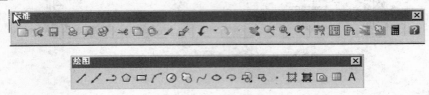

图 2-4 "标准"工具栏和"绘图"工具栏

要提取工具条可以把鼠标放在其他工具条的任何位置然后单击右键，如图 2-5 所示，打上钩就被提取。

AutoCAD 2006 可以锁定工具栏和选项板的位置，防止它们意外地移动。锁定状态由状态栏上的挂锁图标表示。如图 2-6 所示。

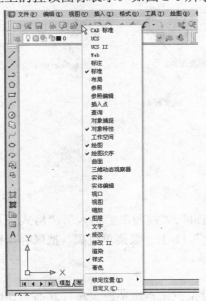

图 2-5 提取工具条快捷菜单

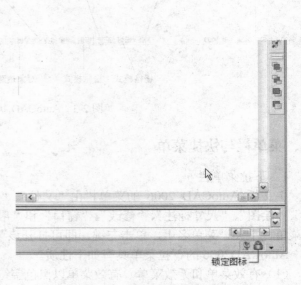

图 2-6 工具条挂锁图标示意图

## 第二节 AutoCAD 2006 绘图辅助工具

### 一、捕捉对象上的点

在使用绘图的过程中，经常要指定一些点，而这些点是已有对象上的点，例如端点、圆心、两个对象的交点等，这时，如果只是凭用户的观察来拾取它们，无论怎样小心，都不可能非常准确地找到这些点。为此，AutoCAD 提供了对象捕捉功能，可以帮助用户迅速、准确地捕捉到某些特殊点，从而能够精确地绘制图形。

在中文版 AutoCAD 2006 中，可以通过"对象捕捉"工具栏、"草图设置"对话框等方式调用对象捕捉功能。

1．临时对象捕捉

"对象捕捉"工具栏如图 2-7 所示。在绘图过程中，当要求用户指定点时，单击该工具栏中相应的特征按钮，再把光标移到要捕捉对象上的特征点附近，即可捕捉到相应的对象特征点。"对象捕捉"工具栏中各种捕捉模式的名称如图 2-7 所示，功能如表 2-1 所示

图 2-7 "对象捕捉"工具栏

表 2-1 对象捕捉工具及其功能

| 图　标 | 名　称 | 功　能 |
|---|---|---|
| | 临时追踪点 | 创建对象捕捉所使用的临时点 |
| | 捕捉自 | 从临时参照点偏移 |
| | 捕捉到端点 | 捕捉到线段或圆弧的最近端点 |
| | 捕捉到中点 | 捕捉到线段或圆弧等对象的中点 |
| | 捕捉到交点 | 捕捉到线段、圆弧、圆等对象之间的交点 |
| | 捕捉到外观交点 | 捕捉到两个对象的外观的交点 |
| | 捕捉到延长线 | 捕捉到直线或圆弧的延长线上的点 |
| | 捕捉到圆心 | 捕捉到圆或圆弧的圆心 |
| | 捕捉到象限点 | 捕捉到圆或圆弧的象限点 |
| | 捕捉到切点 | 捕捉到圆或圆弧的切点 |
| | 捕捉到垂足 | 捕捉到垂直于线、圆或圆弧上的点 |
| | 捕捉到平行线 | 捕捉到与指定线平行的线上的点 |
| | 捕捉到插入点 | 捕捉到块、图形、文字或属性的插入点 |
| | 捕捉到节点 | 捕捉到节点对象 |
| | 捕捉到最近点 | 捕捉离拾取点最近的线段、圆、圆弧或点等对象上的点 |
| | 无捕捉 | 关闭对象捕捉模式 |
| | 对象捕捉设置 | 设置自动捕捉模式 |

## 2. 使用自动捕捉功能

在绘制图形的过程中，使用对象捕捉的频率非常高。如果在每捕捉一个对象特征点时都要先选择捕捉模式，将使工作效率大大降低。为此，AutoCAD 提供了一种自动对象捕捉模式。

所谓自动捕捉，就是当用户把光标放在一个对象时，系统自动捕捉到该对象上所有符合条件的集合特征点，并显示出相应的标记。如果把光标放在捕捉点上多停留一会，系统还会显示该捕捉的提示。这样，用户在选点之前，就可以预览和确认捕捉点。

要打开对象捕捉模式，可在"工具"→"草图设置"对话框的"对象捕捉"选项卡中先选中"启用对象捕捉"复选框，然后在"对象捕捉模式"选项区域中选中相应复选框。或者鼠标右键单击状态栏的"对象捕捉"，也可弹出"草图设置"对话框，如图 2-8 所示。

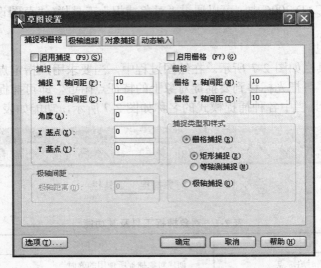

图 2-8　在"草图设置"对话框

要设置自动捕捉功能选项，可选择"工具"→"选项"命令，在"选项"对话框的"草图"选项卡中进行设置，如图 2-9 所示。

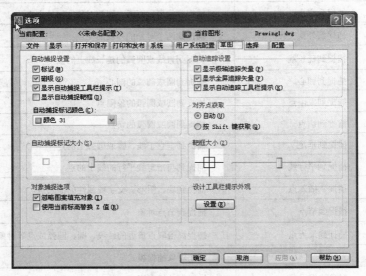

图 2-9　设置自动捕捉功能选项

"自动捕捉设置"选项区域用于设置自动捕捉的方式，包含以下选项。

（1）"标记"复选框 用于设置在自动捕捉到特点时是否显示特征标记框。

（2）"磁吸"复选框 用于设置在自动捕捉到特征点时是否像磁铁一样将光标吸到特征点上。

（3）"显示自动捕捉工具栏提示"复选框 用于设置在自动捕捉到特征点时是否显示"对象捕捉"工具栏上相应按钮的提示文字。

（4）"显示自动捕捉靶框"复选框 用于设置是否捕捉靶框，该框是一个比捕捉标记大 2 倍的矩形框。

（5）"自动捕捉标记颜色"下拉列表框 用来设置自动捕捉标记的颜色。

（6）"自动捕捉标记尺寸"选项区域 拖动滑块可以设置自动捕捉标记的尺寸大小。

3．对象捕捉快捷菜单

当用户指定点时，可以按住 **Shift** 键或者 **Ctrl** 键，并单击鼠标右键打开对象捕捉快捷菜单，如图 2-10 所示。从该菜单上选择需要的子命令，再把光标移到要捕捉对象的特征点附近，即可捕捉到相应的对象特征点。

在对象捕捉快捷菜单中，除了"点过滤器"子命令外，其余各项都与"对象捕捉"工具栏中的各种捕捉模式相对应。"点过滤器"子命令中的各命令用于捕捉满足指定坐标条件的点。

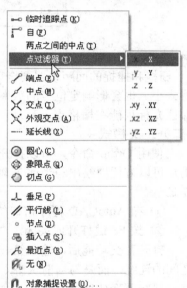

图 2-10 对象捕捉快捷菜单

## 二、控制光标移动范围

在绘图时，除了可以使用直角坐标和极坐标精确定位点外，还可以使用系统提供的栅格、捕捉和正交功能来定位点。

### （一）栅格和捕捉

在绘图中，使用栅格和捕捉由助于创建和对齐图形中的对象。栅格能够指示出当前图形对象的位置，直观显示对象的间距；栅格捕捉能够限制十字光标的位置，使其按照用户定义的间距移动。

1．栅格的应用

栅格是按照设置的间距显示在图形区域中的点，能提供直观的距离和位置的参照，类似于坐标纸中的方格的作用。例如，如果将栅格的间距设置为 10，在图形中就很容易找到坐标为（50，70）的位置。另外，栅格还指示出当前图形界限的范围，因为栅格只在图形界限以内显示。

栅格不会被打印到图纸中。打开和关闭栅格的显示，既可以单击状态栏上对应的按钮，也可以按下键盘上的 F7 键。

2．捕捉的应用

栅格捕捉使光标只能停留在图形中指定的点上，这样就可以轻松地将图形放置在特殊点上，便于以后编辑工作。一般来说，栅格和捕捉的间距和角度都设置为相同的数值，打开捕捉功能之后，光标只能定位在图形中的栅格点上。

打开或者关闭栅格捕捉，可以单击状态栏上的"捕捉"按钮，也可以使用快捷键 F9。

3．设置栅格和捕捉参数

在状态栏的"捕捉"或"栅格"按钮上单击鼠标右键，从弹出的快捷菜单中选择"设置"

选项，或选择下拉菜单"工具"→"草图设置"系统弹出"草图设置"对话框，如图 2-11 所示。

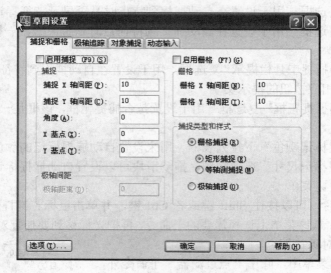

图 2-11　设置捕捉和栅格的参数

栅格和捕捉的间距设置要合理，如果间距设置太大，起不到辅助绘图的作用；如果间距设置太小，也会影响定位点的效率。一般可以将栅格和捕捉的参数统一设置，这样启用捕捉后保证光标只能在栅格点上移动。

### （二）正交模式

使用 Ortho 命令，可以打开正交模式，它用于控制是否以正交方式绘图。在该模式下，用户可以方便地绘出与当前 X 轴或 Y 轴平行的线段。要打开或关闭正交方式，可执行下列操作之一。

① 在 AutoCAD 程序窗口的状态栏中，单击"正交"按钮。

② 按 F8 键打开或关闭。

打开正交功能后，输入第一点后，继续输入第二点位置坐标时，橡皮筋已不再是这两点之间的连线，而是与当前 X 轴、Y 轴平行的线段，并且是较长的那段线，此时单击鼠标，该橡皮筋线就变成所绘直线了。如图 2-12 所示。

### （三）极轴追踪和捕捉

极轴追踪和捕捉是相对于前一点而言的，极轴追踪能够提示用户可以在相对于前一点的某一极轴方向上移动光标，而极轴捕捉则能够捕获到当前极轴上一定距离的等分点。在创建过程中，极轴追踪提供了点的极角，而极轴捕捉提供了点到相对坐标原点的距离。

#### 1．使用极轴追踪

通过单击状态栏上的"极轴"按钮或者快捷键 F10，都能够控制极轴追踪的开关。如果用户设置极轴追踪的角度为 45°，并打开极轴追踪，当光标移动到相对于上一点 45°的倍数时（如 90°、135°和 180°等），系统就会给出如图 2-13 所示的追踪提示。

图 2-12　正交功能绘图　　　　　　　图 2-13　极轴追踪提示

2．设置极轴追踪

在状态栏的"极轴"按钮上单击鼠标右键，从弹出的快捷菜单中选择"设置"菜单项，系统会弹出如图 2-14 所示的"草图设置"对话框，可以设置极轴追踪的增量角度。

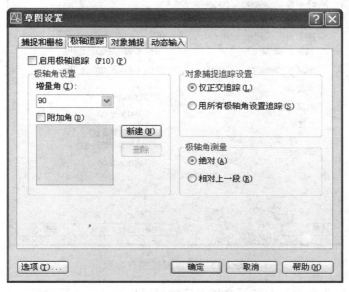

图 2-14　极轴追踪设置

"极轴追踪"选项卡中各选项的功能和含义如下。

（1）"启用极轴追踪"复选框　用于打开或关闭极轴追踪。

（2）"极轴角设置"选项区域　用于设置极轴角度。在"增量角"下拉列表框中可以选择系统预设的角度，如果该下拉列表框中的角度不能满足需要，可选择"附加角"复选框，然后单击"新建"按钮，在"附加角"列表中增加新角度。

（3）"对象捕捉追踪设置"选项区域　用于设置对象捕捉追踪。选择"仅正交追踪"单选按钮，可在启用对象捕捉追踪时，只显示获取的对象捕捉点的正交（水平/垂直）对象捕捉追踪路径；选择"用所有极轴角设置追踪"单选按钮，可以将极轴追踪设置应用到对象捕捉追踪，使用对象捕捉追踪时，光标将从获取的对象捕捉点起沿极轴对齐角度进行追踪。

● 注意：●

打开正交模式，光标将被限制沿水平或垂直方向移动。因此，正交模式和极轴追踪模式不能同时打开，若一个打开，另一个将自动关闭。

（4）"极轴角测量"选项区域　用于设置极轴追踪对齐角度的测量基准。其中，选择"绝对"单选按钮，可以基于当前用户坐标系（UCS）确定极轴追踪角度；选择"相对上一段"单选按钮，可以基于最后绘制的线段确定极轴追踪角度。

3．使用极轴捕捉

极轴捕捉是一种相对捕捉，一般来说是相对于前一点的捕捉。

在拾取点时，系统会自动追踪用户设置的极轴追踪角度，并在该角度上捕捉到特殊点的位置。

4．设置极轴捕捉

在状态栏上的"捕捉"按钮上单击右键，从弹出的快捷菜单中选择"设置"菜单项，系统会弹出如图 2-15 所示的"草图设置"对话框。

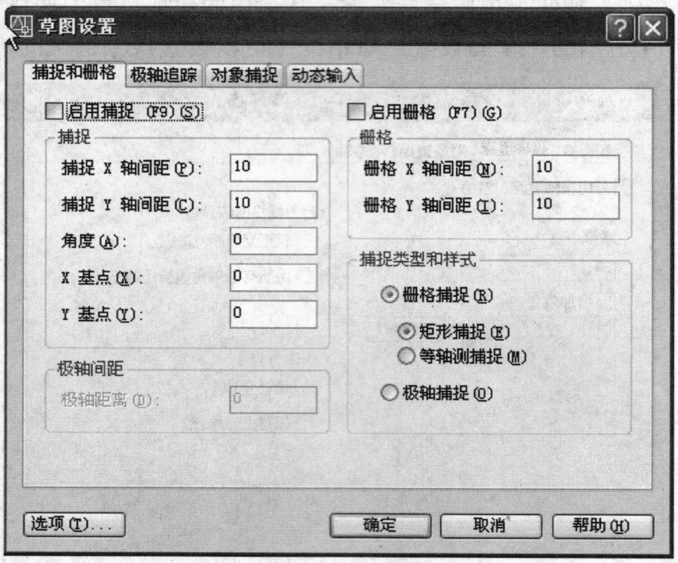

图 2-15  设置极轴捕捉参数

在"捕捉类型和样式"中必须选择"极轴捕捉"选项，然后设置适当的"极轴距离"，就完成了极轴捕捉的参数设置。

### 三、动态输入（DNY）

动态输入是 AutoCAD 2006 中新增加的功能。动态输入设置可使用户直接在鼠标点处快速启动命令、读取提示和输入值，而不必把注意力分散到图形编辑器外。用户可在创建和编辑几何图形时动态查看标注值，如长度和角度，通过 TAB 键可在这些值之间切换。可使用在状态栏中新设置的 DYN 切换按钮来启用动态输入功能。

## 第三节  AutoCAD 2006 的命令输入

在 AutoCAD 中，输入命令的方式有三种：鼠标输入命令、键盘输入命令和单击工具栏图标输入命令。

### 一、使用鼠标输入命令

鼠标用于控制 AutoCAD 的光标和屏幕指针。在绘图窗口，AutoCAD 光标通常为"+"字线形式。当光标移至菜单选项（如下拉菜单）、工具栏或对话框时，它会变成一个空心箭头，此时，光标指向某一个命令或工具栏中某一个命令图标，单击鼠标，则会执行相应的命令和动作。

鼠标右键的快捷菜单如下。

① 在绘图区域，不执行任何命令时，单击鼠标右键，弹出如图 2-16 所示的快捷菜单。

② 在绘图区域，执行绘图命令时，单击鼠标右键，弹出如图 2-17 所示的快捷菜单。

③ 用鼠标右键单击工具栏图标，打开工具栏菜单快捷菜单，如图 2-18 所示。

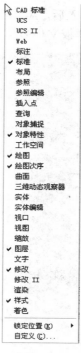

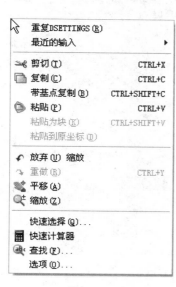

图 2-16

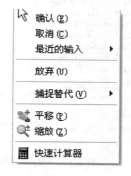

图 2-17

图 2-18

## 二、使用键盘输入命令

AutoCAD 的大部分功能都可以通过键盘输入完成,而且,键盘是输入文本对象以及在"命令:"提示符下输入命令或在对话框中输入参数的唯一输入设备。

## 三、通过单击工具栏图标输入命令

## 四、透明命令

所谓透明命令是指在其他命令执行时可以输入的命令。例如,用户希望缩放视图,则可以激活"ZOOM"命令(在命令前面加一个"'"号)。当透明命令使用时,其提示前面有两个右尖括号,表示它是透明使用。许多命令和系统变量都可以透明使用。

## 第四节 文件操作

文件操作是指建立新的图形文件,打开已有的图形文件,保存当前所绘图形文件等操作。

## 一、建立新的图形文件

【功能】 建立一个新的绘图文件,以便开始一个新的绘图作业。

【命令输入】 下拉菜单:文件→新建…
工具栏:标准→新建
命令:New
快捷键:Ctrl+N

命令输入后，AutoCAD 2006 弹出如图 2-19 所示的样板文件对话框（建议初学者选择 Acad 作为样板文件）。

图 2-19 "选择样板"对话框

## 二、打开已有的图形文件

【命令输入】 下拉菜单：文件→打开…

工具栏：标准→打开

命令：Open

快捷键：Ctrl+O

命令输入后，AutoCAD 2006 弹出如图 2-20 所示的"选择文件"对话框，在"搜索:"后面的文本框中输入文件的位置，在显示框中找到文件名，选中，单击"打开"按钮即可。

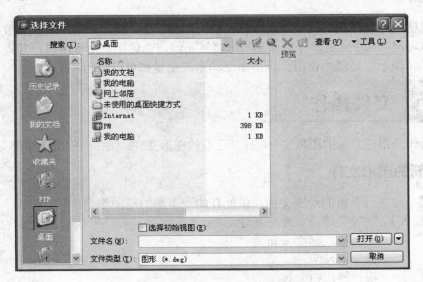

图 2-20 "选择文件"对话框

## 三、保存文件

1. 快速存盘

【功能】 将当前所绘图形存盘。

【命令输入】 下拉菜单：文件→保存

工具栏：标准→保存

命令：Qsave

快捷键：Ctrl+S

命令输入后，AutoCAD 2006 把当前编辑的已命名的图形直接以原文件名存入磁盘。若当前所绘图形没有命名，AutoCAD 则弹出"图形另存为"对话框，如图 2-21 所示。利用该对话框，用户可输入文本名，选择图形文件的存储路径，完成后单击"保存"按钮，AutoCAD 把当前的图形文件以输入文件名存在指定的位置。

图 2-21 "图形另存为"对话框

2. 换名存盘

【功能】 将当前编辑的图形用新的名字存盘。

【命令输入】 下拉菜单：文件→另存为…

命令：Saveas

命令输入后，AutoCAD 弹出如图 2-22 所示的"图形另存为"对话框。用户在"文件名"文本框中输入文件名，选择图形文件的存储路径后，单击"保存"按钮即可。

3. 自动保存

由于 AutoCAD 在运行过程中可能会遇到死机、停电等意外情况，而有的用户又不习惯经常保存文件，系统提供了自动保存的功能。选择"工具"→"选项"菜单项，系统会弹出如图 2-23 所示的"选项"对话框，进入"打开和保存"选项卡。在该选项卡中的"文件安全措施"区，选中"自动保存"复选框，打开"自动保存"功能。"保存间隔分钟数"文本框用于确定自动保存的间隔时间。默认的自动保存的路径为"C\Windows\Temp\ …"。

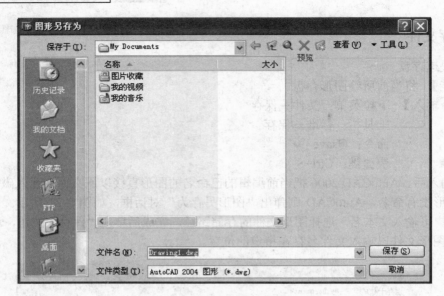

图 2-22　"图形另存为"对话框

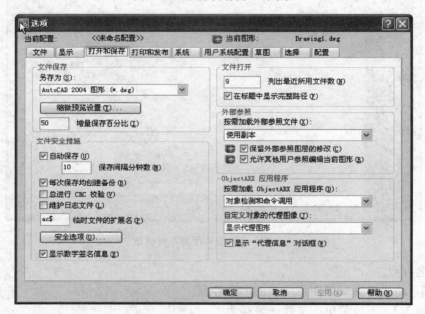

图 2-23　设置图形的自动保存

# 第五节　图形界限的设置

　　图形界限是世界坐标系中的二维界，表示图形范围的左下和右上边界。图形界限的作用主要用于以下几方面。

　　① 打开界限检查功能之后，图形界限将可输入的坐标限制在矩形区域内。

　　② 决定显示栅格点的绘图区域。

　　③ 决定 ZOOM 命令相对于图形界限视图的大小。

　　④ 决定 ZOOM 命令"全部（A）"选项显示的区域。

在 AutoCAD 2006 中选择"格式"→"图形界限"菜单项，或者在命令行中执行 LIMITS 命令，系统会给出如下的命令提示。

命令:'_limits

重新设置模型空间界限：

指定左下角点或[开（ON）/ 关（OFF）]〈0.0000，0.0000〉：

指定右下角点〈420.0000，297.0000〉：

当系统提示"指定左下角点或[开（ON）/ 关（OFF）]〈0.0000，0.0000〉："时，其中的"开（ON）/ 关（OFF）"选项用于控制界限检查功能的开关；"指定左下角点"需要用户输入点的坐标值。

绘图界限检查功能只限制输入的点或拾取的点的坐标不超出绘图范围的限制，而不能限制整个图形。

# 第六节 AutoCAD 2006 的坐标系统

## 一、笛卡尔坐标系统

AutoCAD 2006 采用三维笛卡尔坐标系统（Cartesian Coordinate System，CCS）确定点的空间位置。显示在屏幕上状态栏中的坐标值，就是当前光标所在位置的坐标。

## 二、世界坐标系统

世界坐标系统（World Coordinate System，WCS）是 AutoCAD 2006 的基本坐标系统。它由三个相互垂直并相交的坐标轴 X、Y 和 Z 组成。在绘图和编辑图形的过程中，WCS 的坐标原点和坐标轴方向都不会改变。

图 2-24 所示为世界坐标系统的图标。X 轴沿水平方向自左向右，Y 轴沿垂直方向由下向上，Z 轴正对操作者由屏幕内向屏幕外。坐标原点在绘图区的左下角。

## 三、用户坐标系统

AutoCAD 2006 提供了可变的用户坐标系统（User Coordinate System，UCS）以方便用户绘图。在默认情况下，UCS 和 WCS 重合。用户可以根据自己的需要来定义 UCS 的 X 轴、Y 轴和 Z 轴的方向及坐标的原点。图 2-25 所示为用户坐标系统的图标（注意：与 WCS 的区别在于图中少了小框）。

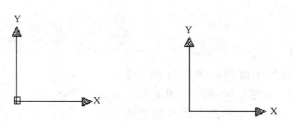

图 2-24 世界坐标系统图标　　图 2-25 用户坐标系统图标

## 四、坐标

在绘图时，AutoCAD 2006 根据某点的坐标确定其位置。坐标主要分为绝对直角坐标、绝对极坐标和相对直角坐标、相对极坐标。用户在输入点的位置时，采用这四种坐标均可。

（1）绝对直角坐标　直接输入点的 X、Y 坐标值，用逗号分隔 X、Y。

（2）相对直角坐标　"相对"指相对于前一点的直角坐标值。相对直角坐标的表达方式为在坐标值前加一个符号"@"。

（3）绝对极坐标　输入点距原点的距离及该点与原点所连线段与 X 轴正方向之间的夹角，并用符号"<"分隔。

（4）相对极坐标　"相对"指相对于前一点的极坐标值。相对极坐标的表达方式也是在坐标值前加一个符号"@"。

图 2-26、图 2-27 表示了上述四种坐标的含义。

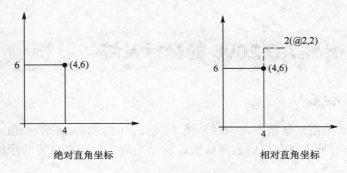

图 2-26　两种直角坐标

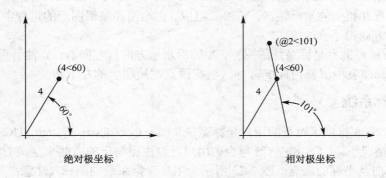

图 2-27　两种极坐标

# 复习思考题

1. AutoCAD 2006 的主屏幕由哪些部分组成？

2. AutoCAD 2006 有哪几种辅助绘图工具？简述其作用。

3. AutoCAD 2006 的命令输入有哪几种方式？

4. 在绘图过程中，图形界限有什么作用？如何设置图形界限？

5. 相对极坐标的输入格式是什么？如果点（20，50）相对于点（10，40）进行定位，应该输入什么样的相对坐标值？

# 第三章
## AutoCAD 2006 的绘图命令

# 第一节 基本绘图命令

## 一、绘制点

【功能】 在指定的位置绘制点。

【命令输入】 下拉菜单：绘图→点→单点（绘制单个点）

绘图→点→多点（绘制多个点）

工具栏：绘图→点 ·

命令：Point 或 Po

【操作格式】 输入相应命令后，提示：

指定点：输入点的位置坐标或者直接用鼠标在绘图区指定点的位置。

【说明】

① AutoCAD 提供了多种形式的点，用户可以根据需要在绘制之前进行设置。其设置过程为：单击菜单"格式→点样式…"，屏幕上弹出如图 3-1 所示的"点样式"对话框。在该对话框中，用户可以选择自己需要的点样式，利用其中"点大小"编辑框可调整点的大小。"相对于屏幕设置大小"及"按绝对单位设置大小"两个选项分别表示以相对和绝对尺寸设置点的大小。

② AutoCAD 通过系统变量 PDMODE 保存点的形式，PDSIZE 保存点的大小设置。

③ 所绘制的点可以用点的目标捕捉方式中的"节点捕捉方式"捕捉。

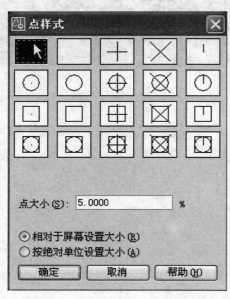

图 3-1 "点样式"对话框

## 二、等分点

【功能】 在指定对象上绘制等分点或在等分点处插入块。

【命令输入】 下拉菜单：绘图→点→定数等分

命令：Divde 或 Div

【操作格式】 输入相应命令后，提示：

选择要定数等分的对象：选择要等分的对象（用鼠标左键在屏幕上拾取）。

输入线段数目或[块（B）]：

① 输入线段数目，（该选项为默认选项），直接输入等分数，按回车键结束命令。

② 选择（B）选项，则继续提示：

输入要插入的块名：输入要插入的块的名称。

是否对齐块和对象？[是（Y）/否（N）]<Y>：（插入块是是否旋转，输入"Y"表示旋转，输入"N"表示不旋转）。

输入线段数目：输入对象的等分数。

图 3-2 所示为 5 等分的结果。

图 3-2　绘制等分点

【说明】

① 执行完以上操作后，AutoCAD 在每一个等分点处插入一个事先设置好点样式的点，该点可以用点的目标捕捉方式中的"节点捕捉方式"捕捉。

② 执行完以上操作后，用户若发现所操作对象没有发生任何变化，这就说明用户预先未设置点的样式，当前点的样式被操作对象所覆盖。用户可以单击菜单"格式→点样式…"，屏幕上弹出如图 3-1 所示的"点样式"对话框。在该对话框中，用户可以选择自己需要的点样式，利用其中"点大小"编辑框可调整点的大小。"相对于屏幕设置大小"及"按绝对单位设置大小"两个选项分别表示以相对和绝对尺寸设置点的大小。设置点的样式完毕后，操作对象则会显示出等分点。

③ 有关于块的知识详见第六章。

## 三、测量点

【功能】　在指定对象上按指定的长度测量，在分点处用点做标记或插入块。

【命令输入】　下拉菜单：绘图→点→定距等分

　　　　　　　命令：Measure 或 Me

【操作格式】输入相应命令后，提示：

选择要定距等分的对象：选择要测量的对象（用鼠标左键在屏幕上拾取。）

指定线段长度或[块（B）]：

① 指定线段长度（该选项为默认选项），直接输入每段的长度数值。AutoCAD 按指定的长度测量选定的对象，并在每个分点处插入一点，该点同样可以用点的目标捕捉方式中的"节点捕捉方式"捕捉。

② 选择[块（B）]，则继续提示：

输入要插入的块名：（输入要插入的块的名称。）

是否对齐块和对象？[是（Y）/否（N）]<Y>：（插入块是是否旋转，输入"Y"表示旋转，输入"N"表示不旋转。）

指定线段长度：（输入每段的长度。）

【说明】

① 在"指定线段长度或[块（B）]："提示下，选取默认选项时，也可以不输入一个数值，而是在屏幕上指定一个点，AutoCAD 提示"指定第二点"，再输入第二点。AutoCAD 自动将这两点之间的距离作为测量长度对选定对象绘制测量点。图 3-3 所示为以直线 AB 为测量长度测量指定对象的结果。

A ———————— B

图 3-3　指定长度等分点

② 有关于块的知识详见第六章。

## 四、直线

【功能】 绘制直线

【命令输入】 下拉菜单：绘图→直线

工具栏：绘图→直线

命令：Line 或 l

【操作格式】 输入相应命令后，提示：

指定第一点：（输入直线的起点。）

指定下一点或[放弃（U）]：（输入直线下一点。）

指定下一点或[放弃（U）]：（输入直线下一点。）

指定下一点或[闭合（C）/放弃（U）]：（继续输入直线下一点或回车结束命令。）

【例3-1】 用 Line 命令绘制 A3 图框。

命令：Line

指定第一点：输入 "0，0"。

指定下一点或[放弃（U）]：420，0

指定下一点或[闭合（C）/放弃（U）]：420,297

指定下一点或[闭合（C）/放弃（U）]：0,297

指定下一点或[闭合（C）/放弃（U）]：C

【例3-2】 用相对坐标绘制矩形，如图3-4所示。

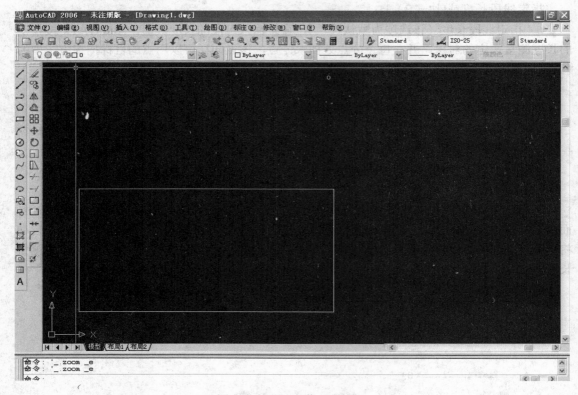

图3-4 用相对坐标绘制矩形

命令：Line

指定第一点：40，30

指定下一点或[放弃（U）]：@200,0

指定下一点或[闭合（C）/放弃（U）]：@100<90

指定下一点或[闭合（C）/放弃（U）]：@−200,0

指定下一点或[闭合（C）/放弃（U）]：C

【说明】

① 在"指定下一点或[放弃（U）]："提示下直接回车，命令将执行结束。

② 在"指定下一点或[放弃（U）]："提示下输入"U"，表示删除最后画的直线段。多次在"指定下一点或[放弃（U）]："提示下输入"U"，则会删除多条相应的直线段。

③ "指定下一点或[闭合（C）/放弃（U）]："提示下输入"C"，表示当前光标点将与起点连接，并推出画直线命令。

④ 在"指定第一点"提示下直接按回车键，则上一次的 Line 命令或者 Arc 命令的终点将作为本次画直线段的起点。如果上一次用的是 Arc 命令，则以上一次圆弧的终点为起点绘制圆弧的切线。此时用户只能输入直线的长度，而不能控制直线的方向。

⑤ 在"指定下一点或[放弃（U）]："提示下，单击鼠标右键，弹出 Line 命令的快捷菜单，用户可在快捷菜单中选取以上各选项，如图 3-5 所示。

| 确认 (E) |
| 取消 (C) |
| 放弃 (U) |
| 平移 (P) |
| 缩放 (Z) |

图 3-5　绘制直线时的快捷菜单

# 第二节　几何图形的绘制

## 一、正多边形

【功能】　绘制指定要求的正多边形。

【命令输入】下拉菜单：绘图→正多边形

　　　　　　工具栏：绘图→正多边形 ⬠

　　　　　　命令：Polygon 或者 Pol

【操作格式】　输入相应命令后，提示：

输入边的数目 <4>：输入正多边形的数目，回车

指定正多边形的中心点或 [边(E)]：

在该提示下，用户有两种选择：一种是直接输入一点作为正多边形的中心；另一种是输入（E），即利用输入正多边形的边长确定多边形。

（1）直接输入正多边形的中心，执行该选项时，AutoCAD 提示：

输入选项 [内接于圆(I)/外切于圆(C)] <I>：（在该提示下，有 I、C 两个选项。）

① 内接于圆(I)：内接正多边形。

若在提示下直接回车，既默认 I 选项，AutoCAD 提示：

指定圆的半径：（输入半径值。）

于是 AutoCAD 在指定半径的圆内（此圆只显示，不画出来）内接正多边形。

② 外切于圆(C)：（外切正多边形。）

若在提示下输入 C，则 AutoCAD 提示：

指定圆的半径：（输入半径值。）

于是 AutoCAD 在指定半径的圆外面（此圆只显示，不画出来）构造出正多边形。

（2）输入 "E"，执行该选项时，AutoCAD 提示

指定边的第一个端点：输入正多边形一边的一个端点。

指定边的第二个端点：输入正多边形一边的另外一个端点。

于是 AutoCAD 根据指定的边长绘制正多边形。

【例 3-3】 利用已知圆，绘制图 3-6 所示的正多边形。

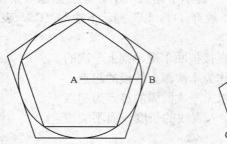

图 3-6 绘正多边形

命令：Polygon 或 POL

输入边的数目 <5>: 5（输入正多边形的边数。）

指定正多边形的中心点或 [边(E)]：（设置圆心捕捉，将光标放置在圆周上，捕捉到圆心时单击左键，拾取正多边形的中心点 A。）

输入选项 [内接于圆(I)/外切于圆(C)] <I>：（选择内接正多边形方式。）

指定圆的半径:50 （打开正交功能，输入圆的半径，完成绘制内接于半径为 50mm 的圆的正多边形。）

键盘按空格键，重复执行正多边形命令。

命令： Polygon 或 POL

输入边的数目 <5>：（直接回车。）

指定正多边形的中心点或 [边(E)]：（捕捉圆心为正多边形的中心点 A。）

输入选项 [内接于圆(I)/外切于圆(C)] <I>: C（选择外切正多边形方式。）

指定圆的半径: 50 （打开正交功能，输入圆的半径，完成绘制内接于半径为 50mm 的圆的正多边形。）

键盘按空格键，重复执行正多边形命令。

命令： Polygon 或 POL

输入边的数目 <5>：（直接回车。）

指定正多边形的中心点或 [边(E)]: E（选择用边绘制正多边形方式。）

拾取边的第一个端点：（用鼠标左键在屏幕上拾取点 C。）

指定边的第二个端点：50 （用输入距离的方式确定点 D，完成绘制边长为 50mm 的正五边形。）

## 二、矩形

利用矩形命令绘制矩形很简单，只要指定矩形两个对角点就可以了。在绘制矩形时，还可以设置倒角、标高、圆角、厚度和线宽。其中标高和厚度用于三维。

【功能】 绘制指定要求的矩形。

【命令输入】下拉菜单：绘图→矩形

工具栏：绘图→矩形 ▭

命令：Rectang 或者 Rec

【操作格式】 输入相应命令后，提示：

指定第一个角点或 [倒角(C)/标高(E)/圆角(F)/厚度(T)/宽度(W)]：[输入矩形的第一个对角点，这是默认选项，用鼠标在屏幕上拾取点 A，如图 3-18（a）所示。]

指定另一个角点或 [尺寸(D)]：@100，50 [输入矩形的另一个对角点，用相对直角坐标形式输入点 B，绘出矩形如图 3-7（a）所示。]

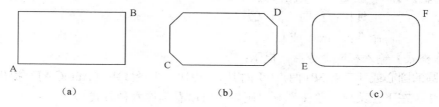

（a） （b） （c）

图 3-7 绘矩形

提示行中有五个选项，其含义和操作如下。

1. 倒角(C)

设置矩形四角为倒角模式，并确定倒角大小，可绘制带倒角的矩形。

命令：Rectang（或者 Rec）

指定第一个角点或 [倒角(C)/标高(E)/圆角(F)/厚度(T)/宽度(W)]：C（绘制带倒角的矩形。）

指定第一个倒角距离 <0.0000>：10 （定义矩形第一个倒角距离。）

指定第二个倒角距离 <10.0000>:10 （定义矩形第二个倒角距离，两个距离可以相等也可以不相等，若要恢复为直角，则将倒角距离设置为 0 即可。）

指定第一个角点或 [倒角(C)/标高(E)/圆角(F)/厚度(T)/宽度(W)]：（用鼠标在屏幕上拾取点 C 作为矩形的第一个对角点。）

指定另一个角点或 [尺寸(D)]：@100，50 [输入矩形的另一个对角点，用相对直角坐标形式输入点 D，绘出矩形如图 3-7（b）所示。]

2. 圆角(F)

设置矩形四角为圆角模式，并确定其半径大小，可绘制带圆角的矩形。

命令：Rectang（或者 Rec）

当前矩形模式：（倒角=10.0000 × 10.0000）

指定第一个角点或 [倒角(C)/标高(E)/圆角(F)/厚度(T)/宽度(W)]：F (绘制带圆角的矩形。)

指定圆角的半径<10.0000>：10 （设置圆角半径，若要取消圆角的设置，恢复直角，则将圆角距离设置为 0 即可。）

指定第一个角点或 [倒角(C)/标高(E)/圆角(F)/厚度(T)/宽度(W)]：（用鼠标在屏幕上拾取点 E 作为矩形的第一个对角点。）

指定另一个角点或 [尺寸(D)]：@100，50 [输入矩形的另一个对角点，用相对直角坐标形式输入点 F，绘出矩形如图 3-7(c)所示。]

3. 标高(E)

设置矩形在三维空间内的某面高度。

4. 厚度(T)

设置矩形厚度，既 Z 轴方向的高度。

5. 宽度(W)

设置线条宽度。

AutoCAD 把用矩形命令绘制出的矩形当作一个对象，其四条边是不能分别被编辑的。

# 三、圆

【功能】 绘制指定要求的圆。

【命令输入】 下拉菜单：绘图→圆

工具栏：绘图→圆 ⊘

命令：Circle 或 C

【操作格式】输入相应命令后，提示：

指定圆的圆心或 [三点(3P)/两点(2P)/相切、相切、半径(T)]：（AutoCAD 提供了六种绘制圆的方法，在下拉菜单"绘图"→"圆"中可以看到这六种方式。）

1. 根据圆心和半径画圆（是默认选项）

指定圆的圆心或 [三点(3P)/两点(2P)/相切、相切、半径(T)]：（输入圆心位置，用鼠标左键在屏幕上拾取点 A。）

指定圆的半径或 [直径(D)]：[此时若输入圆的半径，则绘出给定半径的圆；若在屏幕上指定一点 B，则绘出以点 B 和圆心点 A 之间的距离为半径的圆，如图 3-8（a）所示。]

2. 根据圆心和直径绘圆（CD）

指定圆的圆心或 [三点(3P)/两点(2P)/相切、相切、半径(T)]：（输入圆心位置点 C，用鼠标左键在屏幕上拾取。）

指定圆的半径或 [直径(D)]：D

指定圆的直径 <直径默认值>:[此时若输入圆的直径，则绘出给定直径的圆；若在屏幕上指定一点 D，则绘出以点 D 和圆心点 C 之间的距离为直径的圆，如图 3-8（b）所示。]

3. 根据 3 点绘圆（3P）

指定圆的圆心或 [三点(3P)/两点(2P)/相切、相切、半径(T)]：3P

指定圆上的第一个点：（输入第一点 E。）

指定圆上的第二个点：（输入第二点 F。）

指定圆上的第三个点：（输入第三点 G。）

绘出过这 3 点的圆，如图 3-8（c）所示。

4. 根据 3 点绘圆（2P）

指定圆的圆心或 [三点(3P)/两点(2P)/相切、相切、半径(T)]：2P

指定圆的直径的第一个端点：（输入第一点 H。）

指定圆的直径的第二个端点：（输入第二点 J。）

绘出以这两点为直径的圆，如图 3-8（d）所示。

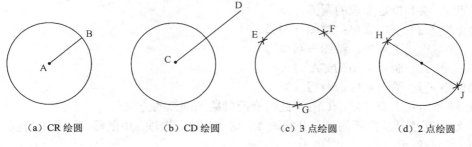

| （a）CR 绘圆 | （b）CD 绘圆 | （c）3 点绘圆 | （d）2 点绘圆 |

图 3-8　绘圆（一）

5. 绘与两个对象相切且半径为给定值的圆（TTR）

指定圆的圆心或 [三点(3P)/两点(2P)/相切、相切、半径(T)]：T

指定对象与圆的第一个切点：（选择第一个被切对象。）

指定对象与圆的第二个切点：（选择第二个被切对象。）

指定圆的半径 <半径默认值>：（输入圆半径值。）

绘出如图 3-9（a）所示的圆。

6. 绘与三个对象相切的圆（TTT）

指定圆的圆心或 [三点(3P)/两点(2P)/相切、相切、半径(T)]：_3P

指定圆上的第一个点：（选择第一个相切对象。）

指定圆上的第二个点：（选择第二个相切对象。）

指定圆上的第三个点：（选择第三个相切对象。）

绘出如图 3-9（b）所示的圆。

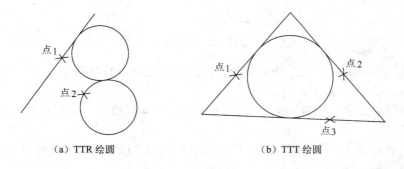

| （a）TTR 绘圆 | （b）TTT 绘圆 |

图 3-9　绘圆（二）

【说明】

① 当使用 TTR 方式绘圆时，若在"指定圆的半径 <半径默认值>："提示下输入的半径值太大或者太小，AutoCAD 将提示"圆不存在"，并退出该命令的执行。

② 当使用 TTT 方式绘圆时，除了输入"_3P"外，也可以从下拉菜单中选择"相切、相切、相切"方式来绘制。

## 四、圆弧

AutoCAD 提供了 11 种绘制圆弧的方法，在下拉菜单中"绘图"→"圆弧"里可以看到。从工具栏和键盘输入圆弧命令，系统自动默认的绘制圆弧方式是三点绘弧。

【功能】　绘制指定要求的圆弧。

【命令输入】　下拉菜单：绘图→圆弧

　　　　　　　工具栏：绘图→圆弧

　　　　　　　命令：Arc 或 A

【操作格式】　输入相应命令后，提示：

指定圆弧的起点或 [圆心(C)]：（此时有两种绘制圆弧的方法。）

（1）输入起点是从圆弧的起点开始画弧，这个是默认选项。用鼠标在屏幕上拾取一点 A，如图 3-10（b）所示。

指定圆弧的第二个点或 [圆心(C)/端点(E)]：（用鼠标在屏幕上拾取第二点 B。）

指定圆弧的端点：[用鼠标在屏幕上拾取第二点 C，圆弧 ABC 绘制完成，如图 3-10（b）所示。]

（2）指定圆弧的起点或 [圆心(C)]：C

指定圆弧的圆心：（用鼠标在屏幕上拾取点 D。）

指定圆弧的起点：（用鼠标在屏幕上拾取第二点 E。）

指定圆弧的端点或 [角度（A）/弦长(L)]：（用鼠标在屏幕上拾取第三点 F，圆弧 ABC 绘制完成，如图 3-10（a）所示。）

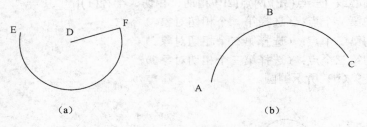

（a）　　　　　　　　　　　　　　　　（b）

图 3-10　绘圆弧

【例 3-4】　已知图 3-11（a）所示图形，用圆和圆弧命令绘制图 3-11（b）所示图形。

（1）命令：Circle（或 C）

指定圆的圆心或 [三点(3P)/两点(2P)/相切、相切、半径(T)]：（用鼠标拾取点 A，需要开启对象捕捉功能。）

指定圆的半径或 [直径(D)]：（直接用鼠标拾取点 B，以相同的方法绘制其他的圆。）

（2）命令：Arc（或 A）

指定圆弧的起点或 [圆心(C)]：（捕捉交点 1 为圆弧的起点。）

指定圆弧的第二个点或 [圆心(C)/端点(E)]：C（用圆心的方式绘制弧 13。）

指定圆弧的圆心：（捕捉交点 2 为圆弧的圆心。）

指定圆弧的端点或 [角度（A）/弦长(L)]：（捕捉交点 3 为圆弧的端点，圆弧 13 绘制完成。）

（3）命令：Arc（或 A）

指定圆弧的起点或 [圆心(C)]：C（用圆心的方式绘制弧 35。）

指定圆弧的圆心：（捕捉交点 4 为圆弧的圆心。）

指定圆弧的起点：（捕捉交点 3 为圆弧的起点。）

指定圆弧的端点或 [角度（A）/弦长(L)]：（捕捉交点 5 为圆弧的端点，圆弧 35 绘制完成。）

用步骤（2）或（3）中任一方法，完成所有圆弧绘制，如图 3-11（b）所示。

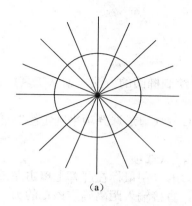
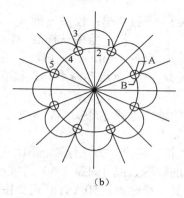

（a） （b）

图 3-11　绘圆及圆弧举例

## 五、圆环或填充圆

【功能】　绘制内外径已经指定的圆环及填充圆。

【命令输入】　下拉菜单：绘图→圆环

　　　　　　　　命令：Donut 或 Do

【操作格式】输入相应命令后，提示：

指定圆环的内径 <10.0000>：（输入内圆的直径。）

指定圆环的外径 <20.0000>：（输入外圆的直径。）

指定圆环的中心点或 <退出>：（用鼠标在屏幕上拾取一点作为圆环的中心点。）

指定圆环的中心点或 <退出>：[按回车结束命令。绘制出如图 3-12（a）所示的圆环。若继续拾取圆环的中心点，则可以画出多个圆环。]

【说明】

① 在执行圆环命令时，当提示"指定圆环的内径 <10.0000>："时输入"0"，则可绘出填充圆。操作如下：

命令：Donut（或 DO）

指定圆环的内径 <10.0000>：（输入内圆的直径为 0。）

指定圆环的外径 <20.0000>：（输入外圆的直径。）

指定圆环的中心点或 <退出>：（用鼠标在屏幕上拾取一点作为圆环的中心点。）

指定圆环的中心点或 <退出>：[按回车结束命令。绘制出如图 3-12（b）所示的填充圆。]

② 圆环线是否填充，由 AutoCAD 的系统变量 FILLMODE 控制。

FILLMODE=1，则绘制的圆环线填充。

FILLMODE=0，则绘制的圆环线不填充。

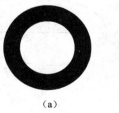

（a） （b）

图 3-12　绘圆环

③ 系统变量的设置方法：在"命令"状态下，键盘输入"FILLMODE"，AutoCAD 提示"输入的新增值<1>"，输入新的变量即可。

## 六、椭圆和椭圆弧

【功能】　绘制椭圆或者椭圆弧。

【命令输入】    下拉菜单：绘图→椭圆
　　　　　　　　工具栏：绘图→椭圆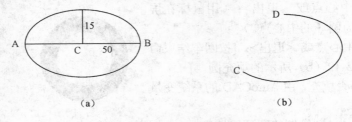

　　　　　　　　命令：Ellipse 或 El

【操作格式】    从菜单启动命令，直接确定绘制椭圆的方法，如从工具栏或键盘启动命令，则提示：

指定椭圆的轴端点或 [圆弧（A）/中心点(C)]：(通过选择项来确定绘制椭圆的方法。)

具体操作如下。

① 使用"轴、端点"方法绘制椭圆，这是默认选项。

指定椭圆的轴端点或 [圆弧（A）/中心点(C)]：(用鼠标在屏幕上单击左键拾取点 A。)

指定轴的另一个端点：50（打开正交模式，直接输入距离确定该轴的另一个端点 B。)

指定另一条半轴长度或 [旋转(R)]：15 （输入另一个轴的半轴长度，回车结束命令。)

绘制如图 3-13（a）所示椭圆。

② 使用"中心点(C)"方法绘制椭圆。

指定椭圆的轴端点或 [圆弧（A）/中心点(C)]：C （使用中心方法绘制椭圆。)

指定椭圆的中心点：[用鼠标在屏幕上单击左键拾取点 C 作为椭圆中心点，如图 3-13（a）所示。]

指定轴的端点：25（将鼠标水平移动，输入水平轴的半长。)

指定另一条半轴长度或 [旋转(R)]：15[输入椭圆另一轴的水平半长，回车结束命令。绘制如图 3-13（a）所示椭圆。]

③ 绘制圆弧（A）。

指定椭圆的轴端点或 [圆弧（A）/中心点(C)]：(用鼠标在屏幕上单击左键拾取一点。)

指定轴的另一个端点：50（打开正交模式，鼠标向右移动，直接输入距离确定该轴的另一个端点。)

指定另一条半轴长度或 [旋转(R)]：15 （输入另一个轴的半轴长度，绘制一个椭圆。)

指定起始角度或[参数(P)]：30 （通过指定椭圆弧的起始角与终止角确定椭圆弧。在这里输入起始角度，确定椭圆弧起点 C。)

指定终止角度或[参数(P)/包含角度(I )]：[此时移动鼠标会有一条橡皮线出现，也可以利用橡皮线确定角度方向，因为正交功能打开，所以只能水平移动和垂直移动。将鼠标垂直向上移动，单击左键，输入终止角，确定弧终点 D，绘制出如图 3-13（b）所示椭圆弧。]

图 3-13    绘制椭圆和椭圆弧

# 第三节　高级绘图命令

## 一、多线

所谓多线，指多条相互平行的直线。这些直线线型可以相同也可以不同。AutoCAD 的多线是由 1～16 条平行直线组成的复合线。这些平行线称为元素。多线是一个对象。

1. 绘制多线

【功能】 绘制多条平行线。

【命令输入】 下拉菜单：绘图→多线

命令：Mline 或 Ml

【操作格式】 输入相应命令后，提示：

当前设置：对正=上，比例=20.00，样式= STANDARD

指定起点或[对正（J）/比例（S）/样式（ST）]：（提示第一行表示当前多线采用的绘图方式、线型比例、线型样式。）

指定起点：（该选项为默认选项。直接输入多线的起点 A。）

指定下一点：200（打开正交功能，鼠标向右移动，键盘输入 200，完成 B 点的输入。）

指定下一点或[放弃（U）]：100（鼠标向 B 点下方移动，键盘输入 100，完成 C 点输入。）

指定下一点或[闭合（C）/放弃（U）]：200(鼠标向 C 点左方移动，键盘输入 200，完成 D 点输入。)

指定下一点或[闭合（C）/放弃（U）]：C（按回车键结束命令。）

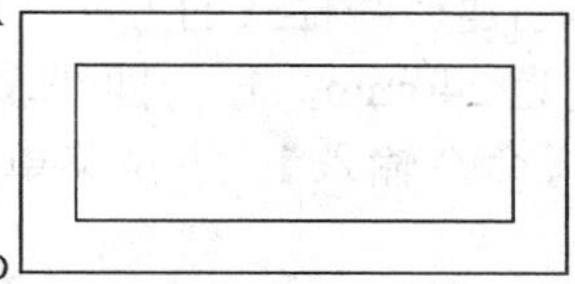

以上操作是以当前的多线样式、当前的线型比列及绘图方式绘制多线，绘制出的图形如图 3-14 所示。

输入相应命令后，命令行还有三个选项[对正（J）/比例（S）/样式（ST）]，各选项的含义及操作如下：

（1）对正（J） 确定多线的对正方式。

在命令行"指定起点或[对正（J）/比例（S）/样式（ST）]："的提示下输入"J"并回车，AutoCAD 会继续提示：

输入对正类型[上（T）/无（Z）/下（B）]<无>：

有三种对正方式，它们的具体含义分别如下。

① 用上（T）选项绘制多线时，多线最顶端的线随光标移动，如图 3-15（a）所示。

② 用无（Z）选项绘制多线时，多线的中心线随光标移动，如图 3-15（b）所示。

③ 用下（B）选项绘制多线时，多线最底端的线随光标移动，如图 3-15（c）所示。

④ <无>表示当前默认的对正方式为"无"的方式。

图 3-14 绘制多线

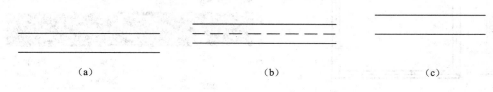

|  (a)  |  (b)  |  (c)  |

图 3-15 多线的对正方式

（2）比例（S） 确定所绘制的多线宽度相当于当前样式中定义宽度的比例因子。默认值为 20。如比例因子为 5，则多线的宽度是定义宽度的 5 倍。

在命令行"指定起点或[对正（J）/比例（S）/样式（ST）]："的提示下输入"S"并回车，AutoCAD 会继续提示：

输入多线比例<20.00>：（输入更改的比例因子并回车。如图 3-16 所示是不同比例绘制的多线。）

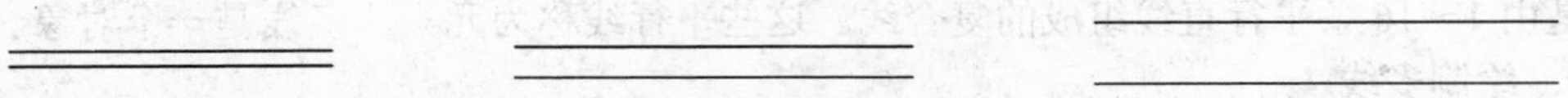

比例因子：5 比例因子：10 比例因子：20

图 3-16 多线的比例因子

（3）样式（ST） 确定绘制多线时所需要的样式。默认多线样式为 STANDARD。

在命令行"指定起点或[对正（J）/比例（S）/样式（ST）]："的提示下输入"ST"并回车，AutoCAD 会继续提示：

输入多线样式名或[ ？]：（输入已有的样式名。如果用户输入"？"，则显示 AutoCAD 中所有的多线样式。）

执行完以上操作后，AutoCAD 会以所设置的样式、比例及对正方式绘制多线。

2．设置多线样式

多线中包含直线的数量、线型、颜色、平行线之间的距离等要素，这些要素组成了多线样式，多线的使用场合不同，就会有不同的要素要求，也就是不同的多线样式。AutoCAD 提供了创建多线样式的方法。下面以图 3-17 所示平面图为例讲解如何创建多线样式。图中墙体厚度为 240mm，窗为四线表示法。

【命令输入】 下拉菜单：格式→多线样式

　　　　　　 命令：Mlstyle

【操作格式】 输入相应命令后，弹出如图 3-18 所示的"多线样式"对话框。

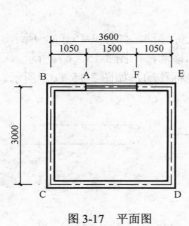

图 3-17 平面图

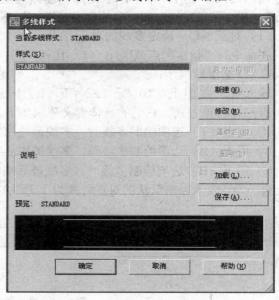

图 3-18 "多线样式"对话框

下面建立外墙线样式。

① 点"新建"，弹出"创建新的多线样式"对话框（图 3-19）后，输入新的多线样式名称"w"（提示：样式名称应符合多线特点，用简单的英文字母来命名，既方便操作也便于记忆），然后点"继续"，进入"新建多线样式"对话框，如图 3-20 所示。

② 在"说明"文本框中，输入对多线样式的用途、特征等的概述，如外墙线样式。

③ 在"元素"对话框中设置平行线的数量、间隔距离、颜色、线型。默认状态下，多

线由两条黑色平行线组成，线型为实线。外墙有 3 条平行线，中间为轴线，线型为点划线，上下两条为实线，分别距离轴线为 120mm。

图 3-19　创建新的多线样式

图 3-20　"新建多线样式"对话框

④ 单击"0.5BYLAYER　Bylayer"行的任意位置选中该项，在"偏移"文本框中输入 1.2，然后按回车。上线的颜色为白色，线型为实线，这样上线就设置完成。

⑤ 单击"添加"按钮，添加一条平行线，如图 3-21 所示。

中间线为轴线，需将线型改为点划线。单击"线型"按钮。弹出"选择线型"对话框，如图 3-22 所示。

图 3-21　"元素"对话框

图 3-22　"选择线型"对话框

　　如果对话框中没有点划线线型，需要添加。单击"加载"按钮，显示"加载或重载线型"对话框，如图 3-23 所示。在可用线型列表中单击"CENTER"选项，然后单击确定按钮回到"选择线型"对话框，"CENTER"线型已经被加载，如图 3-24 所示。单击"CENTER"选项，然后单击"确定"按钮，回到元素对话框，线型设置完成。

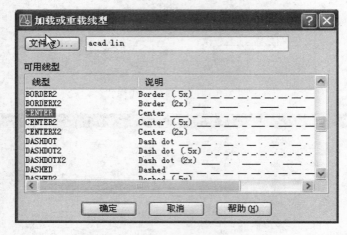

图 3-23　"加载或重载线型"对话框

　　需要将轴线的颜色设置为红色。单击"颜色"下拉箭头，单击红色按钮，颜色变为红色，颜色设置完成。这样中间的轴线设置完成。如图 3-25 所示。

图 3-24　"选择线型"对话框

图 3-25　选择颜色

　　⑥ 设置下线，方法同设置上线，将"-0.5　BYLAYER　Bylayer"行选项的偏移量设置为-1.2mm。

　　⑦ 单击"确定"按钮，返回"多线样式"对话框，如图 3-26 所示。

　　⑧ 单击"保存"按钮，然后点"确定"，完成外墙线的设置。

　　用同样的方法设置四线窗。窗的样式名为"C"，四条线上下偏移量分别为 1.2、0.4、-0.4、-1.2，颜色自定。

　　【例 3-5】　用多线命令绘制图 3-17 所示平面图。

　　步骤如下。

　　（1）设置图形界限

　　命令：Limits

图 3-26　"多线样式"对话框

指定左下角点或[开（ON）/关（OFF）]<0.0000,0.0000>: 回车（图形左下角坐标按默认值。）

指定右上角点<420.0000,297.0000>:5000,5000 (根据图形输入右上角点坐标。)

（2）显示图形界限区域　图形界限设置好后，将其范围整个显示在屏幕上。

命令：Zoom

指定窗口角点，输入比例因子 (nX 或 nXP)，或[全部（A）/中心点(C)/动态(D)/范围(E)/上一个(P)/比例(S)/窗口(W)] <实时>：A（显示整个图形。）

（3）用多线命令绘制外墙线

命令：Mline

（当前设置: 对正 = 上，比例 = 20.00，样式 =ST）

指定起点或 [对正(J)/比例(S)/样式(ST)]：　J

输入对正类型 [上(T)/无(Z)/下（B）] <无>：　Z

（当前设置: 对正 = 无，比例 = 1.00，样式 =C）

指定起点或 [对正(J)/比例(S)/样式(ST)]：　ST

输入多线样式名或 [?]：　W

（当前设置: 对正 = 无，比例 = 1.00，样式 =W）

指定起点或 [对正(J)/比例(S)/样式(ST)]：　S

输入多线比例 <1.00>：　100

（当前设置: 对正 = 无，比例 =100，样式 =W）

指定起点或 [对正(J)/比例(S)/样式(ST)]：（在屏幕上拾取点 A。）

指定下一点：（将鼠标往左面拖动，键盘输入 1050，点 B 拾取完成。）

指定下一点或 [放弃(U)]：（将鼠标往下面拖动，键盘输入 3000，点 C 拾取完成。）

指定下一点或 [闭合(C)/放弃(U)]：（将鼠标往右面拖动，键盘输入 3600，点 D 拾取完成。）

指定下一点或 [闭合(C)/放弃(U)]:（将鼠标往上面拖动，键盘输入 3000，点 E 拾取完成。）

指定下一点或 [闭合(C)/放弃(U)]:（将鼠标往左面拖动，键盘输入 1050，点 F 拾取完成。）

指定下一点或 [闭合(C)/放弃(U)]:（按回车结束命令。）

（4）用多线绘制窗户

命令：Mline

（当前设置: 对正 = 上，比例 = 20.00，样式 = ST）

输入多线样式名或 [?]:　C

（当前设置: 对正 = 无，比例 = 100，样式 = C）

指定起点或 [对正(J)/比例(S)/样式(ST)]:（在屏幕上拾取点 A。）

指定下一点:（将鼠标往左面拖动，键盘输入 1500，点 B 拾取完成。或者用捕捉功能捕捉点 F。）

指定下一点或 [闭合(C)/放弃(U)]:（按回车结束命令，绘制出如图 3-17 所示平面图。）

## 二、多段线

【功能】　绘制在两个方向上无限延长的二维或三维直线，常用做绘制其他对象的参照。

【命令输入】　下拉菜单：绘图→多段线

工具栏：绘图→多段线 ⤶

命令：Pline 或 Pl

【操作格式】　输入相应命令后，提示：

指定起点:（输入起点，用鼠标左键在屏幕上拾取。当前线宽为 0.0000）

指定下一个点或 [圆弧（A）/半宽(H)/长度(L)/放弃(U)/宽度(W)]:

提示行中各选项的含义如下。

（1）指定下一个点　默认选项，直接输入一点作为线的一个端点。

（2）圆弧(A)　选择此项后，从画直线多段线切换到画弧多段线，并出现如下提示:

指定圆弧的端点或[角度（A）/圆心(CE)/方向(D)/半宽(H)/直线(L)/半径(R)/第二个点(S)/放弃(U)/宽度(W)]:

在该提示下移动十字光标，屏幕上出现橡皮线。提示行中各选项含义如下。

① 指定圆弧的端点：默认选项，输入圆弧的端点作为圆弧的终点。

② 角度(A)：该选项用于指定圆弧的内含角。

③ 圆心(CE)：为圆弧指定圆心。

④ 方向(D)：重定圆弧的起点切线方向。

⑤ 直线(L)：从画圆弧的模式返回绘直线方式。

⑥ 半径(R)：指定圆弧的半径。

⑦ 第二个点(S)：指定三点画弧的第二点。

其他选项与多段线命令中的同名选项含义相同，可以参考下面的介绍。

（3）半宽(H)　该选项用于设置多段线的半宽值。执行该选项时，AutoCAD 将提示输入多段线的起点半宽值和终点半宽值。

（4）长度(L)　用输入距离的方法绘制下一段多段线。执行该选项时，AutoCAD 会自动按照上一段直线的方向绘制下一段直线；若上一段多段线为圆弧，则按圆弧的切线方向绘制下一段直线。

（5）放弃(U)　取消上一次绘制的多段线段，该选项可以连续使用。

（6）宽度(W)　设置多段线的宽度，AutoCAD 执行该选项后，将出现如下提示:

指定起点宽度 <0.0000>: （输入起点宽度。）

指定端点宽度 <0.0000>: （输入终点宽度。）

【说明】

① 系统默认的宽度值为 0mm，多段线中每段线的宽度可以不同，可以分别设置，而且每段线的起点和终点的宽度也可以不同。多段线起点宽度以上一次输入值为默认值，而终点宽度值则以起点宽度为默认值。

② 当多段线的宽度大于 0mm 时，若想绘制闭合的多段线，一定要用闭合选项，才能使其完全封闭，否则会出现缺口。

【例 3-6】 用多段线命令绘制图 3-27 所示的拱门。拱门由三段线组成，AB 段为直线，宽度为 0mm；BC 段为圆弧，起点宽度为 0mm，终点宽度为 100mm；CD 段为直线，宽度为 100mm。

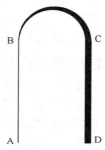

图 3-27 拱门

绘制步骤如下。

命令：Pline （或 Pl）

指定起点：（在屏幕上拾取点 A，当前线宽为 0.0000。）

指定下一个点或 [圆弧（A）/半宽(H)/长度(L)/放弃(U)/宽度 (W)]：<正交 开> 1800（将鼠标往上移动，键盘输入 1800，点 B 拾取完毕。）

指定下一点或 [圆弧（A）/闭合(C)/半宽(H)/长度(L)/放弃(U)/宽度(W)]：A （将直线切换为圆弧。）

指定圆弧的端点或[角度（A）/圆心(CE)/闭合(CL)/方向(D)/半宽(H)/直线(L)/半径(R)/第二个点(S)/放弃(U)/宽度(W)]：W （设置 BC 宽度。）

指定起点宽度 <0.0000>：（直接回车，起点宽度为默认值 0。）

指定端点宽度 <0.0000>：100 （输入终点宽度。）

指定圆弧的端点或[角度（A）/圆心(CE)/闭合(CL)/方向(D)/半宽(H)/直线(L)/半径(R)/第二个点(S)/放弃(U)/宽度(W)]：1200（鼠标移动到 B 点右侧，以输入距离的方式用键盘输入 1200，点 C 拾取完毕。）

指定圆弧的端点或[角度（A）/圆心(CE)/闭合(CL)/方向(D)/半宽(H)/直线(L)/半径(R)/第二个点(S)/放弃(U)/宽度(W)]：L （输入直线 L 选项，将圆弧方式切换到直线方式。）

指定下一点或 [圆弧（A）/闭合(C)/半宽(H)/长度(L)/放弃(U)/宽度(W)]：1800（将鼠标移动到 C 点的下方，以输入距离的方式用键盘输入 1800，点 D 拾取完毕。）

指定下一点或 [圆弧（A）/闭合(C)/半宽(H)/长度(L)/放弃(U)/宽度(W)]：（按回车结束命令。）

【例 3-7】 用多段线命令绘制图 3-28 所示的箭头。

绘制图 3-28（a）的步骤如下。

命令：Pline （或 Pl）

指定起点：（在屏幕上拾取点 A，当前线宽为 0.0000。）

指定下一个点或 [圆弧（A）/半宽(H)/长度(L)/放弃(U)/宽度(W)]：<正交 开> 1800（将鼠标往上移动，键盘输入 1800，点 B 拾取完毕。）

指定下一点或 [圆弧（A）/闭合(C)/半宽(H)/长度(L)/放弃(U)/宽度(W)]：W （设置 B 点处宽度。）

指定起点宽度 <0.0000>：（设置 B 点处宽度为 100。）

指定端点宽度 <0.0000>：0 （输入终点宽度。）

指定圆弧的端点或[角度（A）/圆心(CE)/闭合(CL)/方向(D)/半宽(H)/直线(L)/半径(R)/第二

个点(S)/放弃(U)/宽度(W)]: 600（鼠标移动到上方，以输入距离的方式确定点 C。）
用同样的方法完成图 3-28（b）箭头的绘制。

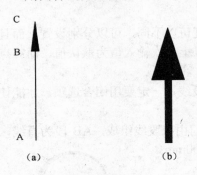

图 3-28　箭头

## 三、样条曲线

样条曲线是指通过给定的一些点拟合生成的光滑曲线。样条曲线最少应有三个点。在园林设计中，经常使用样条曲线命令绘制曲线，例如园林道路、水面、绿地、花坛等。

【功能】　绘制样条曲线

【命令输入】　下拉菜单：绘图→样条曲线
　　　　　　　工具栏：绘图→样条曲线 ∿
　　　　　　　命令：Spline 或 Spl

【操作格式】　如图 3-29 所示，输入相应命令后，提示：

指定第一个点或 [对象(O)]:（用鼠标在屏幕上拾取点 1 作为曲线的起点。）

指定下一点:（单击鼠标左键，拾取点 2。）

指定下一点或 [闭合(C)/拟合公差(F)] <起点切向>:（单击鼠标左键，拾取点 3。）

指定下一点或 [闭合(C)/拟合公差(F)] <起点切向>:（单击鼠标左键，拾取点 4。）

指定下一点或 [闭合(C)/拟合公差(F)] <起点切向>:（按回车结束命令。）

指定起点切向:（移动鼠标会有不同的切线方向，曲线的形状也不同，调整光标到合适位置，单击左键。）

指定端点切向:[移动鼠标会有不同的切线方向，曲线的形状也不同，调整光标到合适位置，单击左键，绘制出如图 3-29（a）所示的曲线。]

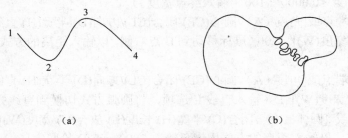

图 3-29　绘制样条曲线

【说明】　提示行中个选项含义如下。

① 闭合(C)：绘制封闭的样条曲线，就是终点和起点相接。

② 拟合公差(F)：用来控制样条曲线对数据点的接近程度。

【例 3-8】　用样条曲线绘制如图 3-29（b）所示水池和汀步。

命令：Spline（或 SPL）

指定第一个点或 [对象(O)]:（用鼠标在屏幕上拾取第一点作为曲线的起点。）

指定下一点:（单击鼠标左键，根据图形拾取第二点。）

指定下一点:（单击鼠标左键，根据图形拾取第三点。）

指定下一点或 [闭合(C)/拟合公差(F)] <起点切向>:（按图继续不断的拾取下一点。）

指定下一点或 [闭合(C)/拟合公差(F)] <起点切向>:C（封闭样条曲线。）

指定切向:（指定样条曲线在闭合点的切线方向，水池绘制完成。）

用同样的方法绘制汀步。

【例 3-9】 用样条曲线绘制如图 3-30 所示木材断面。

命令：Spline（或 SPL）

指定第一个点或 [对象(O)]：（用鼠标在屏幕上拾取第一点作为曲线的起点。）

指定下一点：（单击鼠标左键，根据图形拾取第二点。）

指定下一点：（单击鼠标左键，根据图形拾取第三点。）

指定下一点或 [闭合(C)/拟合公差(F)] <起点切向>：（按图继续不断的拾取下一点。）

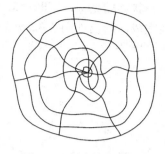

图 3-30 绘制木材断面

指定下一点或 [闭合(C)/拟合公差(F)] <起点切向>：C（封闭样条曲线。）

指定切向：（指定样条曲线在闭合点的切线方向，木纹的最外圈绘制完毕。）

用同样的方法绘制内圈，最后绘制斜向纹理。

## 四、徒手画线

在绘制园林设计图的过程中，有时候要绘制一些不规则的线条和图形，如假山、绿化等，根据这一需要提供了徒手画命令。通过该命令，移动光标可以在屏幕上绘制出任意形状的线条或图形，就像在纸上直接用笔来绘制一样。

【功能】 绘制无规则的线条。

命令：Sketch

【操作格式】 输入相应命令后，提示：

记录增量 <1.0000>：回车（记录增量为默认值。）

徒手画. 画笔(P)/退出(X)/结束(Q)/记录(R)/删除(E)/连接(C)：（在屏幕上单击左键拾取起点。）

<笔落>：（这时候就像笔已经落到纸上，此时只需要向下移动鼠标，绘制如图 3-31 所示图形中，"规"字的一横。）

<笔提>：（绘制完毕单击左键，这时候就像笔已经抬起，"规"字的一横完成。颜色为绿色。）

继续按上述方法把"规划"二字写完，然后按回车结束命令，图形由绿色变为白色。

图 3-31

## 五、修订云线

【功能】 绘制由圆弧线组成的连续线，在园林上常用于绘制成片的树木和灌木。

【命令输入】 下拉菜单：绘图→修订云线

工具栏：绘图→修订云线 ⚙

命令：Revcloud

【操作格式】 输入相应命令后，提示：

最小弧长: 15

最大弧长: 15 （当前最大和最小弧长，可以重新定义。）

指定起点或 [弧长（A）/对象(O)] <对象>：A （选择弧长选项，重新定义弧长。）

指定最小弧长 <5>：15

指定最大弧长 <15>：30

指定起点或 [对象(O)] <对象>：（在屏幕上单击鼠标左键，拾取一点作为起点，沿所需要的形状移动光标，不断拾取下一点，最后将光标移动到起点附近，云线会自动闭合，修订云线完成，绘出如图 3-32 所示图形。）

图 3-32（a）所示图形为修订云线外凸，图 3-32（b）所示图形为修订云线内凹。

　　　　　（a）　　　　　　　　　　　　　　（b）

图 3-32　修订云线

内凹云线的绘制方法如下。

① 首先将外凸的云线画好，然后点击工具栏：绘图→修订云线 。

② 命令：Revcloud

最小弧长: 15

最大弧长: 30

指定起点或 [弧长（A）/对象(O)] <对象>: O　（选择"对象"选项。）

选择对象：（将光标移动到画好的云线上，选中云线。）

反转方向 [是(Y)/否(N)] <否>: Y（确认云线反转方向，也就是将外凸的转为内凹的。）

按回车结束命令，修订云线完成。

## 复习思考题

1. 绘出的点是否可以在屏幕上看见？如何改变点的显示形式？
2. 等分点和测量点有什么作用？如何绘制？为什么有时候绘制后图中没有显示？
3. Line 命令的快捷菜单包含哪几个选项？
4. 构造线与一般直线有什么实质上的不同？它的主要用途是什么？
5. 绘制多段线时应注意什么问题？
6. 如何妙用多线命令？
7. 绘制正多边形有几种方法？如何根据具体情况选择使用？
8. 使用 Rectangle 命令绘制的矩形和用 Line 命令绘制的矩形有什么区别？
9. 根据具体情况，如何使用各种绘制圆的方式？
10. 根据具体情况，如何使用各种绘制圆弧的方式？
11. 如何用圆环命令绘制填充圆？
12. 绘制椭圆的几种方式及其原理是什么？
13. 如何用样条曲线绘制园林图中的一些配景？
14. 在使用徒手画时应注意什么？
15. 如何用修订云线绘制园林图中的一些绿化植物？
16. 练习本章节中所有举例。

# 第四章
## AutoCAD 二维图形编辑

在绘图时，单纯使用实体绘图命令，只能创建一些基本的图形实体。而对某些复杂的图形，常常必须使用编辑命令才能完成图形的绘制。图形编辑功能提高了绘图的准确性和效率。图形编辑命令输入时，经常使用三种方法：工具条、下拉菜单和键盘。

## 第一节　对象选择方式

当输入一个图形编辑命令后，一般系统会出现"选择对象："提示。这时，屏幕上的十字光标就会变成小方框，称之为"目标选择框"。AutoCAD 必须先选中对象，才能对它进行编辑，被选中的对象显示为虚线。AutoCAD 提供了多种选择对象的方法，下面介绍几种。

（1）直接点取对象　用光标拾取框直接点取所要编辑的对象。

（2）窗口（Windows）　可使用光标在屏幕上指定两个点来定义一个矩形窗口。如果某些可见对象完全包含在该窗口之中，则这些对象将被选中。

（3）窗交（Crossing）　与"Window"模式类似，该模式同样需要用户在屏幕上指定两个点来定义一个矩形窗口。不同之处在于，该矩形窗口显示为虚线的形式，而且在该窗口之中所有可见对象均将被选中，而无论其是否完全位于该窗口中。

（4）输入（ALL）　选择非冻结的图层上的所有对象。

（5）输入 F（Fence）栏选　可指定一系列的点来定义一条任意的折线作为选择栏，并以虚线的形式显示在屏幕上，所有其相交的对象均被选中。

（6）输入 P（Previous）前一个　选择最近创建的选择集。如果图形中删除对象后将清除该选择集。

（7）按住 Shift 键点取已选中的对象　放弃已选取的对象，它会从已选中的对象中去除。

## 第二节　基本编辑命令

基本编辑命令工具栏的默认停泊位置在作图区右侧，修改工具条如图 4-1 所示。

图 4-1　修改工具条

修改下拉式菜单、快捷菜单如图 4-2 所示。

### 一、删除（Erase）命令

1．命令功能

删除命令可以在图形中删除所选择的一个或多个对象。对于一个已删除对象，虽然在屏幕上看不到它，但在图形文件还没有被关闭之前该对象仍保留在图形数据库中，可利用"Undo"进行恢复。当图形文件被关闭后，则该对象将被永久性地删除。

2．调用该命令的方式

工具栏：修改→ ✎

菜单：修改（M）→删除（E）

快捷菜单：选定对象后单击右键，弹出快捷菜单，选择"删除"项。

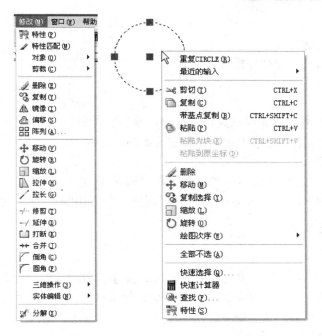

图 4-2　修改下拉式菜单、快捷菜单

命令行：Erase（E）

3．操作步骤

调用该命令后，系统将提示：

选择对象：（可在此提示下选取对象，并回车确定。）

## 二、复制（Copy）命令

1．命令功能

复制命令可以将所选择的一个或多个对象生成一个副本，并将该副本放置到其他位置。

2．调用该命令的方式

工具栏：修改→ 

菜单：修改（M）→复制（Y）

快捷菜单：选定对象后单击右键，弹出快捷菜单，选择"复制"项。

命令行：Copy（Co、Cp）

3．操作步骤

调用该命令后，系统将提示选择对象。

选择对象：（可在此提示下构造要复制的对象的选择集，并回车确定。）

指定基点或 [位移(D)] <位移>：（拾取基点后系统进一步提示。）

指定第二个点或 <使用第一个点作为位移>：（给出第二点后系统进一步提示。）

指定第二个点或 [退出(E)/放弃(U)] <退出>：（如果只复制一个，退出。如果要复制多个，继续选定下一点，直至完成为止。）

## 三、镜像（Mirror）命令

1．命令功能

"镜像"命令可围绕用两点定义的镜像轴线来创建选择对象的镜像。

2．调用该命令方式

工具栏：修改→⚟

菜单：修改（M）→镜像（I）

命令行：Mirror（Mi）

3．操作步骤

调用该命令后，系统首先提示选择进行镜像操作的对象。

选择对象：（然后系统提示指定两点来定义的镜像轴线。）

指定镜像线的第一点：

指定镜像线的第二点：（最后可选择是否删除源对象。）

是否删除源对象？[是(Y)/否(N)] <N>：（保留原对象直接回车，删除源对象输入 Y 回车。）

## 四、偏移（Offset）命令

1．命令功能

"偏移"命令可利用两种方式对选中对象进行偏移操作，从而创建新的对象：一种是按指定的距离进行偏移；另一种则是通过指定点来进行偏移。该命令常用于创建同心圆、平行线和平行曲线等。

2．调用该命令方式

工具栏：修改→⚏

菜单：修改（M）→偏移（S）

命令行：Offset（O）

3．操作步骤

调用该命令后出现以下提示。

当前设置：删除源=否　图层=源　OFFSETGAPTYPE=0

指定偏移距离或 [通过(T)/删除(E)/图层(L)] <通过>：（输入距离后）

选择要偏移的对象或"[退出(E)/放弃(U)] <退出>"。（系统提示选择需要进行偏移操作的对象或选择"退出"项结束命令：选择对象后）

指定要偏移的那一侧上的点，或 [退出(E)/多个(M)/放弃(U)] <退出>：[如果是按距离偏移，系统提示指定偏移的方向（在进行偏移的一侧任选一点即可），而如果是按"通过点"方式进行偏移，则系统将提示]

指定通过点：

偏移操作的两种方式如图 4-3 所示。

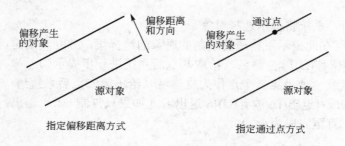

图 4-3　偏移操作方式的比较

系统变量 OFFSETDIST 存储当前偏移值。

# 五、阵列（Array）命令

## 1. 命令功能

"阵列"命令可利用两种方式对选中对象进行阵列操作，从而创建新的对象：一种是矩形阵列；另一种是环形阵列。

## 2. 调用该命令方式

工具栏：修改→品

菜单：修改（M）→阵列（A）

命令行：Array（Ar）

## 3. 操作步骤

调用该命令后，系统弹出"阵列"对话框，该对话框中各项说明如下。

（1）环形阵列（图 4-4）

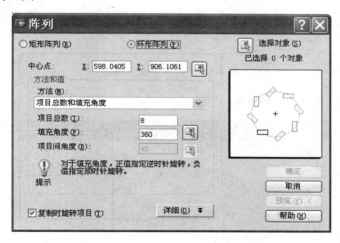

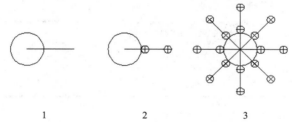

1                2                3

图 4-4　环形阵列示意图

① "中心点" 指定环形阵列的中心点。

② "项目总数" 指定阵列操作后源对象及其副本对象的总数。

③ "填充角度" 指定分布了全部项目的圆弧的夹角。该夹角是以阵列中心点与源对象基点之间的连线所成的角度。

④ "项目间角度" 指定两个相邻项目之间的夹角。即阵列中心点与任意两个相邻项目基点的连线所成的角度。

⑤ "复制时旋转项目" 如果选择该项，则阵列操作所生成的副本进行旋转时，图形上的任一点均同时进行旋转。如果不选择该项，则阵列操作所生成的副本保持与源对象相同的方向不变，而只改变相对位置。

完成设置后，可单击 [ 预览(V) < ] 按钮来预览阵列操作的效果，这时系统弹出如图 4-5 所示对话框。

阵列
[ 接受 ] [ 修改 ] [ 取消 ]

图 4-5　阵列预览对话框

查看阵列操作效果后，可单击按钮 [ 接受 ] 确定设置并完成阵列命令；或单击 [ 修改 ] 按钮返回"阵列"对话框修改设置；或单击 [ 取消 ] 按钮取消阵列命令。

【课堂练习】（图 4-6）

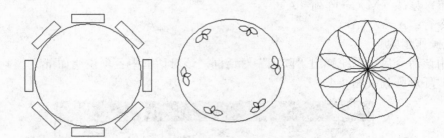

图 4-6　环形阵列课堂练习

（2）矩形阵列（图 4-7、图 4-8）

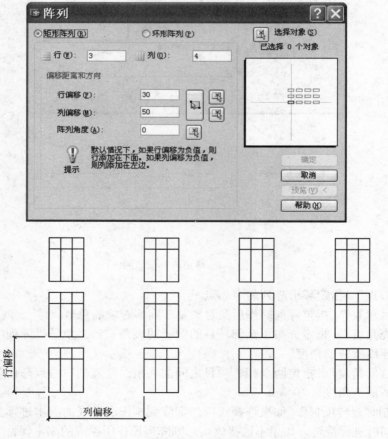

图 4-7　矩形阵列示意图（一）

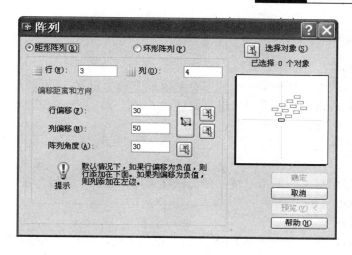

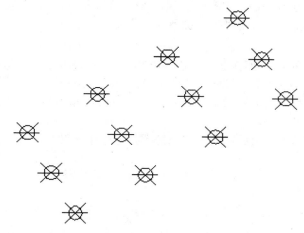

图 4-8 矩形阵列示意图（二）

## 六、移动（Move）命令

1. 命令功能

移动命令可以将所选择的一个或多个对象平移到其他位置，但不改变对象的方向和大小。

2. 调用该命令方式

工具栏：修改→✛

菜单："修改（M）"→"移动（V）"

快捷菜单：选定对象后单击右键，弹出快捷菜单，选择"移动"项。

命令行：Move（M）

3. 操作步骤

调用该命令后，系统将提示选择对象。

选择对象：（可在此提示下构造要移动的对象的选择集，并回车确定，系统进一步提示。）

指定基点或 [位移(D)] <位移>：（要求指定一个基点，可通过键盘输入或鼠标选择来确定基点，此时系统进一步提示。）

指定第二个点或 <使用第一个点作为位移>：（指定第二点即可。）

## 七、旋转（Rotate）命令

1. 命令功能

旋转命令可以改变所选择的一个或多个对象的方向（位置）。可通过指定一个基点和一个相对或绝对的旋转角来对选择对象进行旋转。

2. 调用该命令方式

工具栏：修改→⟳

菜单：修改（M）→旋转（R）

快捷菜单：选定对象后单击右键，弹出快捷菜单，选择"旋转"项。

命令行：Rotate（Ro）

3. 操作步骤

调用该命令后，系统首先提示 UCS 当前的正角方向，并提示选择对象。

UCS 当前的正角方向：ANGDIR=逆时针　ANGBASE=0（可在此提示下构造要旋转的对象的选择集，并回车确定，系统进一步提示。）

指定基点：

指定旋转角度，或 [复制(C)/参照(R)] <0>：（首先需要指定一个基点，即旋转对象时的中心点；然后指定旋转的角度，这时有两种方式可供选择。）

- 直接指定旋转角度：即以当前的正角方向为基准，按指定的角度进行旋转。
- 复制（C）：保留原图。
- 参照（R）：选择该选项后，系统首先提示指定一个参照角，然后再指定以参照角为基准的新的角度。

## 八、缩放（Scale）命令

1. 命令功能

缩放命令可以改变所选择的一个或多个对象的大小，即在 X、Y 和 Z 方向等比例放大或缩小对象。

2. 调用该命令方式

工具栏：修改→▫

菜单：修改（M）→比例（L）

快捷菜单：选定对象后单击右键，弹出快捷菜单，选择"比例"项。

命令行：Scale（Sc）

3. 操作步骤

调用该命令后，系统首先提示选择对象。

选择对象：（可在此提示下构造要比例缩放的对象的选择集，并回车确定，系统进一步提示。）

指定基点：

指定比例因子或 [复制(C)/参照(R)]：（首先需要指定一个基点，即进行缩放时的中心点；然后指定比例因子，这时有两种方式可供选择。）

- 直接指定比例因子：大于 1 的比例因子使对象放大，而介于 0 和 1 之间的比例因子将使对象缩小。
- 复制（C）：保留原图。
- 参照（R）：选择该选项后，系统首先提示指定参照长度（缺省为 1），然后再指定一个新的长度，并以新的长度与参照长度之比作为比例因子。

## 九、拉伸（Stretch）命令

1．命令功能

使用拉伸命令时，必须用交叉多边形或交叉窗口的方式来选择对象。如果将对象全部选中，则该命令相当于"移动"命令。如果选择了部分对象，则"拉伸"命令只移动选择范围内的对象的端点，而其他端点保持不变（图4-9）。可用于"拉伸"命令的对象，包括圆弧、椭圆弧、直线、多段线线段、射线和样条曲线等。

2．调用该命令方式

工具栏：修改→

菜单：修改（M）→拉伸（H）

命令行：Stretch（S）

3．操作步骤

调用该命令后，系统提示用交叉窗口或交叉多边形的方式来选择对象。

以交叉窗口或交叉多边形选择要拉伸的对象...

选择对象：（然后提示进行移动操作，操作过程同"移动"命令。）

指定基点或位移：

指定位移的第二个点或 <用第一个点作位移>：

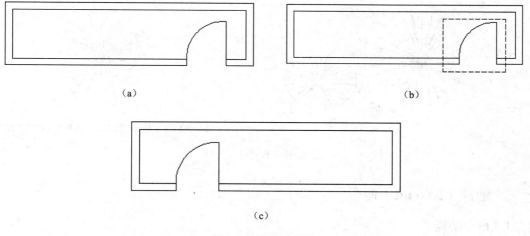

（a） （b）

（c）

图4-9 拉伸示意图

## 十、修剪（Trim）命令

1．命令功能

"修剪"命令用来修剪图形实体。该命令的用法很多，不仅可以修剪相交或不相交的二维对象，还可以修剪三维对象。

2．调用该命令方式

工具栏：修改→

菜单：修改（M）→修剪（T）

命令行：Trim（Tr）

3．操作步骤

调用该命令后，系统首先显示"修剪"命令的当前设置，并提示选择修剪边界。

当前设置：投影=UCS，边=无

选择剪切边…

① 选择对象或 <全部选择>：（直接按回车键，系统提示如下。）

选择要修剪的对象，或按住 Shift 键选择要延伸的对象，或[栏选(F)/窗交(C)/投影(P)/边(E)/删除(R)/放弃(U)]：[直接用鼠标选择被修剪的对象，如图 4-10（a）所示]

② 选择对象或 <全部选择>：（确定修剪边界后，系统进一步提示如下。）

选择要修剪的对象，或按住 Shift 键选择要延伸的对象，或[栏选(F)/窗交(C)/投影(P)/边(E)/删除(R)/放弃(U)]：

- 栏选(F)：[如图 4-10（b）]
- 按 Shift 键的同时来选择对象：这种情况下可作为"延伸"命令使用，所确定的修剪边界即作为延伸的边界。
- 窗交（C）：窗交，选中的内容都被剪掉。
- 投影（P）：指定修剪对象时是否使用的投影模式。
- 边（E）：指定修剪对象时是否使用延伸模式。

使用"修剪"命令时必须先启动命令，后选择要编辑的对象；启动该命令时已选择的对象将自动取消选择状态。

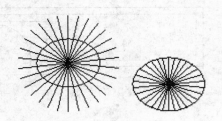 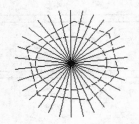

（a）逐个修剪　　　　　　　　　（b）选椭圆为剪切边按回车，选择 F（栏选）按回车

图 4-10　不同修剪方法

# 十一、延伸（Extend）命令

1．命令功能

"延伸"命令用来延伸图形实体。该命令的用法与"修剪"命令几乎完全相同。

2．调用该命令方式

工具栏：修改→ ─┤

菜单：修改（M）→延伸（D）

命令行：Extend（Ex）

3．操作步骤

调用该命令后，系统首先显示"延伸"命令的当前设置，并提示选择延伸边界。

当前设置：投影=UCS，边=无

选择边界的边…

选择对象或 <全部选择>：（确定延伸边界后，系统进一步提示如下。）

选择要延伸的对象，或按住 Shift 键选择要修剪的对象，或[栏选(F)/窗交(C)/投影(P)/边

(E)/放弃(U)]：（此时，可选择如下操作。）
- 直接用鼠标选择被延伸的对象或[栏选(F)/窗交(C)/投影(P)/边(E)/放弃(U)]。
- 按 Shift 键的同时来选择对象，这种情况下可作为"修剪"命令使用。所确定的延伸边界即作为修剪的边界。

其他选项同"修剪"命令。

## 十二、打断（Break）命令

1. 命令功能

打断命令可以把对象上指定两点之间的部分删除，当指定的两点相同时，则对象分解为两个部分（图 4-11）。这些对象包括直线、圆弧、圆、多段线、椭圆、样条曲线和圆环等。

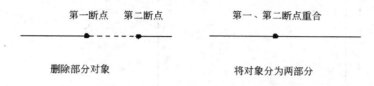

图 4-11  "打断"命令的使用

2. 调用该命令方式

工具栏：修改→ 🗔

菜单：修改（M）→打断（K）

命令行：Break（Br）

3. 操作步骤

调用该命令后，系统将提示选择对象。

选择对象：（选择某个对象后，系统把选择点作为第一断点，并提示选择第二断点。）

指定第二个打断点或 [第一点(F)]：[如果需要重新指定第一断点，则可选择"第一点（F）"选项，系统将分别提示选择第一、第二断点。]

指定第二个打断点或 [第一点(F)]：F

指定第一个打断点：

指定第二个打断点：

如果希望第二断点和第一断点重合，则可在指定第二断点坐标时输入"@"即可。也可直接使用"修改"工具栏中的 🗔 图标。

## 十三、合并（Join）命令

1. 命令功能

打断命令可以把对象上指定两点之间的部分连接，这些对象包括直线、圆弧、圆、多段线、椭圆、样条曲线和圆环等。

2. 调用该命令方式

工具栏：修改→ ➤◄

菜单：修改（M）→合并（J）

命令行：Join (J)

3. 操作步骤

调用该命令后，系统提示如下。

选择源对象：

选择要合并到源的直线：

# 十四、倒角（Chamfer）命令

## 1. 命令功能

"倒角"命令用来创建倒角，即将两个非平行的对象，通过延伸或修剪使它们相交或利用斜线连接。可使用两种方法来创建倒角：一种是指定倒角两端的距离；另一种是指定一端的距离和倒角的角度，如图 4-12 所示。该命令的用法与"Fillet"命令类似。

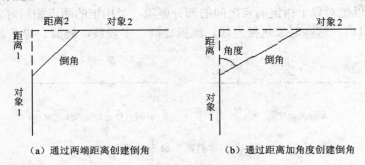

（a）通过两端距离创建倒角　　　　　　　（b）通过距离加角度创建倒角

图 4-12　倒角的两种创建方法

## 2. 调用该命令方式

工具栏：修改→

菜单：修改（M）→倒角（C）

命令行：Chamfer（Cha）

## 3. 操作步骤

调用该命令后，系统首先显示"倒角"命令的当前设置，并提示选择进行倒角操作的对象。

"修剪"模式　当前倒角距离 1 = 0.0000，距离 2 = 0.0000

选择第一条直线或 [放弃(U)/多段线(P)/距离(D)/角度(A)/修剪(T)/方式(E)/多个(M)]：D

指定第一个倒角距离 <0.0000>：50

指定第二个倒角距离 <50.0000>：

选择第一条直线或 [放弃(U)/多段线(P)/距离(D)/角度(A)/修剪(T)/方式(E)/多个(M)]：

选择第二条直线，或按住 Shift 键选择要应用角点的直线：

- "多段线（P）"：该选项用法同圆角 Fillet 命令。
- "距离（D）"：指定倒角两端的距离，系统提示如下。

选择第一条直线 <0.0000>：

选择第二条直线 <0.0000>：

- "角度（A）"：指定倒角一端的长度和角度，系统提示如下。

指定第一条直线的倒角长度 <0.0000>：

指定第一条直线的倒角角度 <0>：

- "修剪（T）"：该选项用法同圆角 Fillet 命令。
- "方式（E）"：该选项用于决定创建倒角的方法，即使用两个距离的方法或使用距离加角度方法。

● **注意：** ●

如果要进行倒角的两个对象都位于同一图层，那么倒角线将位于该图层，否则，倒角线将位于当前图层中。此规则同样适用于倒角颜色、线型和线宽。

## 十五、圆角（Fillet）命令

### 1．命令功能

"圆角"命令用来创建圆角，可以通过一个指定半径的圆弧来光滑地连接两个对象。可以进行圆角处理的对象包括直线、多段线的直线段、样条曲线、构造线、射线、圆、圆弧和椭圆等。其中，直线、构造线和射线在相互平行时也可进行圆角。

### 2．调用该命令方式

工具栏：修改→

菜单：修改（M）→圆角（F）

命令行：Fillet（F）

### 3．操作步骤

调用该命令后，系统首先显示"Fillet"命令的当前设置，并提示选择进行圆角操作的对象。

当前设置：模式 = 修剪，半径 = 0.0000

选择第一个对象或 [放弃(U)/多段线(P)/半径(R)/修剪(T)/多个(M)]：R（指定圆角半径。）

<0.0000>：100

选择第一个对象或 [放弃(U)/多段线(P)/半径(R)/修剪(T)/多个(M)]：

选择第二个对象，或按住 Shift 键选择要应用角点的对象：

此外，也可选择如下选项。

● 多段线（P）：选择该选项后，系统提示指定二维多段线，并在二维多段线中两条线段相交的每个顶点处插入圆角弧。

选择二维多段线：

● 半径（R）：指定圆角的半径，系统提示如下。

指定圆角半径 <0.0000>：

● 修剪（T）：指定进行圆角操作时是否使用修剪模式，系统提示如下。

输入修剪模式选项 [修剪(T)/不修剪(N)] <修剪>：

其中，"修剪（T）"选项可以自动修剪进行圆角的对象，使之延伸到圆角的端点；而使用"不修剪（N）"选项则不进行修剪。两种模式的比较如图 4-13 所示。

（a）在"No Trim"模式下创建圆角　　　（b）在"Trim"模式下创建圆角

图 4-13　圆角命令的修剪模式

系统变量 TRIMMODE 控制圆角和倒角的修剪模式。如果取值为 1（缺省值），则使用修剪模式；如果取值为 0 则不修剪。

【课堂练习】（图 4-14）

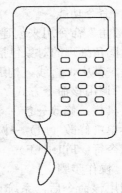

## 十六、分解（Explode）命令

1．命令功能

"分解"命令用于分解组合对象。组合对象是由多个 AutoCAD 基本对象组合而成的复杂对象，例如多段线、多线、标注、块、面域、多面网格、多边形网格、三维网格以及三维实体等。分解的结果取决于组合对象的类型，将在后面的相关章节中具体介绍。

2．调用该命令方式

工具栏：修改→

图 4-14　圆角命令课堂练习

菜单：修改（M）→分解（X）

命令行：Explode（X）

3．操作步骤

调用该命令后，选择要分解的对象，按 Enter 键。

## 十七、放弃（Undo）

1．命令功能

"放弃"命令可以取消上一次的操作。

2．调用该命令方式

工具栏：标准→

菜单：编辑→放弃

快捷菜单：无命令运行和无对象选定的情况下，在绘图区域单击右键弹出快捷菜单，选择"放弃"项。

命令行：Undo（u）

3．操作步骤

调用该命令后，系统将自动取消用户上一次的操作。连续调用该命令，可逐步返回到图形最初载入时的状态。

## 十八、重做（Redo）

1．命令功能

"重做"命令用于恢复执行"放弃"命令所取消的操作，该命令必须紧跟着"放弃"命令执行。

2．调用该命令方式

工具栏：标准→ ↷

菜单：编辑→重做

快捷菜单：无命令运行和无对象选定的情况下，在绘图区域单击右键弹出快捷菜单，选择"重做"项。

命令行：Redo

● **注意：** ●

AUTOCAD 2006 完全支持无限次地放弃和重做操作。

## 第三节 高级编辑命令

## 一、修改多段线

1．命令功能

对于用多段线"Pline"命令创建的多段线对象，可使用"Pedit"命令来进行修改。

2．调用该命令方式

工具栏：修改 Ⅱ→ ⌒

菜单：修改→对象→多段线

快捷菜单：选择要编辑的多段线并单击右键，选择"编辑多段线"。

命令行：Pedit（Pe）

3．操作步骤

调用该命令后，系统首先提示选择多段线。

PEDIT 选择多段线或 [多条(M)]：[可选择"多条(M)"选项来选择多个多段线对象，否则只能选择一个多段线对象。如果选择了直线、圆弧对象时，系统将提示是否将其转换为多段线对象。]

是否将直线和圆弧转换为多段线？[是(Y)/否(N)]? Y

当选择了一个多段线对象（或将直线、圆弧等对象转换为多段线对象）后，系统将进一步提示。

输入选项[闭合(C)/打开(O)/合并(J)/宽度(W)/拟合(F)/样条曲线(S)/非曲线化(D)/线型生成(L)/放弃(U)]：

各项具体作用如下。

● 闭合（C）：闭合开放的多段线。注意，即使多段线的起点和终点均位于同一点上，AutoCAD 仍认为它是打开的，而必须使用该选项才能进行闭合。对于已闭合的多段线，则该项被"打开（O）"所代替，其作用相反。

● 合并（J）：将直线、圆弧或多段线对象和与其端点重合的其他多段线对象合并成一个多段线。对于曲线拟合多段线，在合并后将删除曲线拟合。

- 宽度（W）：指定多段线的宽度，该宽度值对于多段线的各个线段均有效。
- 拟合（F）：在每两个相邻顶点之间增加两个顶点，由此来生成一条光滑的曲线，该曲线由连接各对顶点的弧线段组成。曲线通过多段线的所有顶点并使用指定的切线方向。如果原多段线包含弧线段，在生成样条曲线时等同于直线段。如果原多段线有宽度，则生成的样条曲线将由第一个顶点的宽度平滑过渡到最后一个顶点的宽度，所有中间的宽度信息都将被忽略。
- 样条曲线（S）：使用多段线的顶点作控制点来生成样条曲线，该曲线将通过第一个和最后一个控制点，但并不一定通过其他控制点。这类曲线称为 B 样条曲线。AutoCAD 可以生成二次或三次样条拟合多段线。
- 非曲线化（D）：删除拟合曲线和样条曲线插入的多余顶点，并将多段线的所有线段恢复为直线，但保留指定给多段线顶点的切线信息。但对于使用"打断"、"修剪"等命令编辑后的样条拟合多段线，不能使其"非曲线化"。
- 线型生成（L）：如果该项设置为"ON"状态，则将多段线对象作为一个整体来生成线型；如果设置为"OFF"，则将在每个顶点处以点划线开始和结束生成线型。注意，该项不适用于带变宽线段的多段线。
- 放弃（U）：取消上一编辑操作而不退出命令。

## 二、修改样条曲线

1. 命令功能

对于用样条曲线"Spline"命令创建的样条曲线对象，可使用"Splinedit"命令来进行修改。

2. 调用该命令方式

工具栏：修改 Ⅱ →

菜单：修改→对象→样条曲线

快捷菜单：选择要编辑的样条曲线并单击右键，选择"编辑样条曲线"。

命令行：Splinedit（Spe）

3. 操作步骤

调用该命令后，系统首先提示选择样条曲线，并进一步给出多种操作选项。

选择样条曲线：

输入选项 [拟合数据(F)/闭合(C)/移动顶点(M)/精度(R)/反转(E)/放弃(U)]：

各项具体作用如下。

- 拟合数据（F）：拟合数据由所有的拟合点、拟合公差和与样条曲线相关联的切线组成。用户选择该项来编辑拟合数据时，系统将进一步提示选择如下拟合数据选项。

输入拟合数据选项[添加(A)/闭合(C)/删除(D)/移动(M)/清理(P)/相切(T)/公差(L)/退出(X)]<退出>：

- 闭合（C）：闭合开放的样条曲线，使其在端点处切向连续。如果样条曲线的起点和端点相同，"闭合"选项使其在两点处都切向连续。对于已闭合的样条曲线，则该项被"打开(O)"所代替，其作用相反。
- 移动顶点（M）：重新定位样条曲线的控制顶点并且清理拟合点。
- 精度（R）：精密调整样条曲线定义。
- 反转（E）：反转样条曲线的方向，该选项主要由应用程序使用。

● 放弃（U）：取消上一编辑操作而不退出命令。

● **注意**：●

**如果进行以下操作，样条曲线将失去拟合数据。**

● 编辑拟合数据时使用"清理（Purge）"选项。
● 重定义样条曲线。

对于样条多段线也可使用"Splinedit"命令进行修改，修改前系统会将样条多段线转换为样条曲线对象，但转换后的样条曲线对象没有拟合数据。

## 三、编辑多线

1．命令功能

对于多线对象，可以通过"Mledit"命令来增加或删除顶点，并且可用多种方法构造多线交点。

2．调用该命令方式

菜单：修改→对象→多线…

命令行：Mledit

3．操作步骤

调用该命令行，弹出"多线编辑工具"对话框，如图 4-15 所示，其中提供了 12 种修改工具，可分别用于处理十字交叉的多线（第一列）、T形相交的多线（第二列）、处理角点结合和顶点（第三列）、处理多线的剪切或接合（第四列）。

下面分别介绍。

（1）"十字闭合" 在两条多线之间创建闭合的十字交叉。

（2）"十字打开" 在两条多线之间创建开放的十字交叉。AutoCAD 打断第一条多线的所有元素以及第二条多线的外部元素。

（3）"十字合并" 在两条多线之间创建合并的十字交叉，操作结果与多线的选择次序无关。

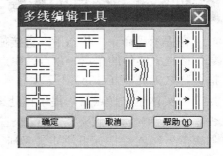

图 4-15 "多线编辑工具"对话框

（4）"T 形闭合" 在两条多线之间创建闭合的 T 形交叉。AutoCAD 修剪第一条多线或将它延伸到与第二条多线的交点处。

（5）"T 形打开" 在两条多线之间创建开放的 T 形交叉。AutoCAD 修剪第一条多线或将它延伸到与第二条多线的交点处。

（6）"T 形合并" 在两条多线之间创建合并的 T 形交叉。AutoCAD 修剪第一条多线或将它延伸到与第二条多线的交点处。

（7）"角点结合" 在两条多线之间创建角点结合。AutoCAD 修剪第一条多线或将它延伸到与第二条多线的交点处。

（8）"添加顶点" 向多线上添加一个顶点。

（9）"删除顶点" 从多线上删除一个顶点。

（10）"单个剪切" 剪切多线上的选定元素。

（11）"全部剪切" 剪切多线上的所有元素并将其分为两个部分。

（12）"全部接合" 将已被剪切的多线线段重新接合起来。

【例】 绘制如图 4-16 所示图形

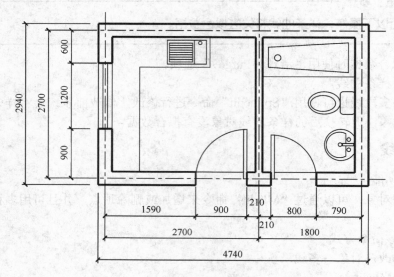

图 4-16

## 第四节　夹点的编辑

在提示"命令"状态下，直接使用默认的"自动（AU）"选择模式选择图形中的实体对象，被选中实体的角点、顶点、中点、圆心等特征点将自动显示蓝色小方框标记。这些小方框被称之为夹点（Grip）。

当实体建立夹点后，提示行处于"命令："等待输入，此时由所执行的命令决定夹点是否存在。当光标移到夹点上时，缺省颜色为绿色，若此时单击它，夹点就会变成实心方块（缺省颜色为红色），表示此夹点被激活。当按下 Shift 键再单击其他夹点，可同时激活多个夹点。被激活的夹点称为热夹点（hot grip），如图 4-17 所示。在热夹点状态下才能进行编辑操作。

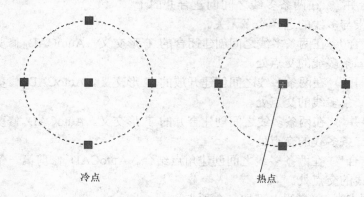

图 4-17　夹点的状态

命令行提示如下。

**\*\*拉伸\*\***

指定拉伸点或［基点（B）/复制（C）/放弃（U）/退出（X）］：

此时，进入夹点编辑的第一种"拉伸"模式。单击回车键或空格键，可依循环切换命令编辑模式，即拉伸（S）→移动（M）→旋转（R）→缩放（S）→镜像（M）→拉伸（S）。若按下鼠标右键，则弹出一快捷菜单，如图 4-18 所示，在该实体夹点快捷菜单中，可选择相应操作。

被选中实体的角点、顶点、中点、圆心等特征点将自动显示蓝色小方框标记，当光标移到夹点上时，缺省颜色为绿色，此时若按鼠标右键，则弹出一快捷菜单，如图 4-19 所示。

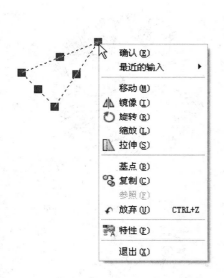

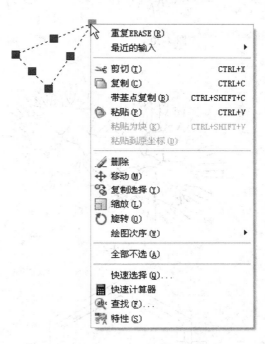

图 4-18　热态夹点的右键快捷菜单　　　　图 4-19　冷态夹点的右键快捷菜单

# 复习思考题

1．选择实体的方式有哪些？

2．试比较"复制（C）"命令与"移动（M）"命令的异同点。

3．"剪切（T）"命令和"延伸（E）"命令有什么区别？

4．"擦除（E）"命令、"打断（B）"命令和"修剪（T）"命令有哪些相同及不同之处？

5．请举例说明 Strentch 命令的使用情况。

6．分解命令把多线分解成什么？

7．要将线条并入多段线需满足什么条件？

8．"倒角（C）"命令与"圆角（F）"命令有什么用途？当"圆角（F）"命令的半径为 0 时，使用该命令的结果如何？

9．利用"对象特性"工具栏可修改对象的哪些特性？

10．什么是夹点？利用夹点功能可以进行哪些操作？

11．绘制以下图形。

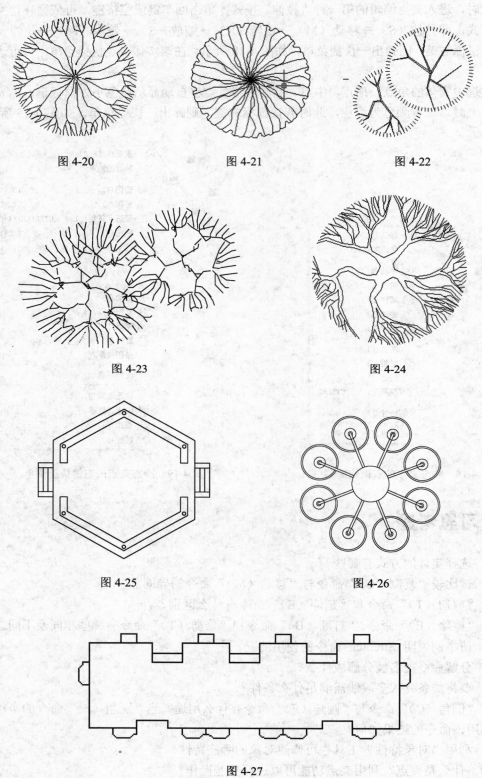

图 4-20　　　　　　　　图 4-21　　　　　　　　图 4-22

图 4-23　　　　　　　　　　　　图 4-24

图 4-25　　　　　　　　　　　　图 4-26

图 4-27

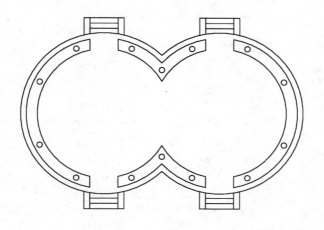

图 4-28

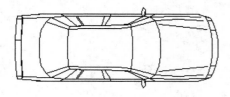

图 4-29

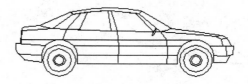

图 4-30

图 4-31

图 4-32

图 4-33

# 第五章
## 图层、线型、颜色与对象特性

## 第一节　图层、线型、颜色

### 一、图层的概念

为了理解图层的概念，首先回忆一下手工制图时用透明纸作图的情况：当一幅图过于复杂或图形中各部分干扰较大时，可以按一定的原则将一幅图分解为几个部分，然后分别将每一部分按相同的坐标系和比例画在透明纸上，完成后将所有透明纸按同样的坐标重叠在一起，最终得到一副完整的图形。当需要修改其中某一部分时，可以将要修改的透明纸抽取出来单独进行修改，而不会影响到其他部分。

AutoCAD 中的图层就相当于完全重合在一起的透明纸，可以任意地选择其中一个图层绘制图形，而不会受到其他层上图形的影响。

在 AutoCAD 中，每个图层都以一个名称作为标识，并具有颜色、线型、线宽等各种特性和开、关、冻结等不同的状态。

### 二、调用图层命令的方式

工具栏：对象特性→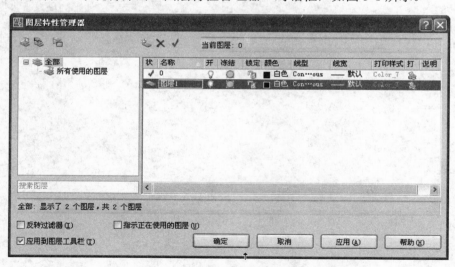

菜单：格式→图层

命令行：Layer（La）

调用该命令后，系统将弹出"图层特性管理器"对话框，如图 5-1 所示。

图 5-1　"图层特性管理器"对话框

### 三、图层用名称（新建）来标识，并具有各种特性和状态

① 图层的名称最长可使用 256 个字符，可包括字母、数字、特殊字符 "$"、"-"、"_"和空格。图层的命名应该便于辨识图层的内容。

② 图层可以具有颜色、线型和线宽等特性。如果某个图形对象的这几种特性均设为"随层"，则各特性与其所在图层的特性保持一致，并且可以随着图层特性的改变而改变。例如图

层"中心线"的颜色为"红色",在该图层上绘有若干直线,其颜色特性均为"随层",则直线颜色也为红色。如果将图层"中心线"的颜色改为"白色"后,该图层上的直线颜色也相应显示为白色(颜色特性仍为"随层")。

③ 图层可设置为"关闭(On)"状态。如果某个图层被设置为"关闭"状态,则该图层上的图形对象不能被显示或打印,但可以重生成。暂时关闭与当前工作无关的图层可以减少干扰,更加方便快捷地工作。

④ 图层可设置为"冻结(Freeze)"状态。如果某个图层被设置为"冻结"状态,则该图层上的图形对象不能被显示、打印或重新生成。因此用户可以将长期不需要显示的图层冻结,提高对象选择的性能,减少复杂图形的重生成时间。

⑤ 图层可设置为"锁定(Lock)"状态。如果某个图层被设置为"锁定"状态,则该图层上的图形对象不能被编辑或选择,但可以查看。这个功能对于编辑重叠在一起的图形对象时非常有用。

⑥ 图层可设置为"打印(Plot)"状态。如果某个图层的"打印"状态被禁止,则该图层上的图形对象可以显示但不能打印。例如,如果图层只包含构造线、参照信息等不需打印的对象,则可以在打印图形时关闭该图层。

对话框右上角的六个按钮提供了对图层的各种操作。

① 按钮 🗈 :用于新建图层。如果在创建新图层时选中了一个现有的图层,新建的图层将继承选定图层的特性。如果在创建新图层时没有选中任何已有的图层,则新建的图层使用缺省设置。

② 按钮 ✖ :用于删除在图层列表中指定的图层。注意,当前图层、"0"层、包含对象的图层、被块定义参照的图层、依赖外部参照的图层和名为"DEFPOINTS"的特殊图层不能被删除。

③ 按钮 ✔ :将在图层列表中指定的图层设置为当前图层。绘图操作总是在当前图层上进行的。不能将被冻结的图层或依赖外部参照的图层设置为当前图层。

④ 按钮 🖪 :图层状态管理器,用于管理当前图形中全部图层的状态和特性,单击该按钮将弹出"图层状态管理器"对话框,如图 5-2 所示。

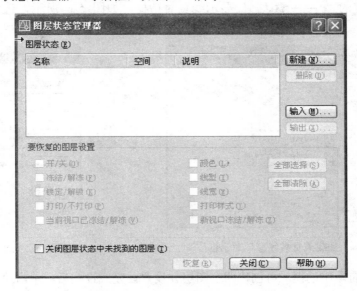

图 5-2 "图层状态管理器"对话框

在对话框中指定一个图层状态的名称，并选择需要的图层状态和特性，用于恢复已保存的图层状态。

## 四、图层的创建和使用

下面根据对象的不同特性来创建图层。选择"对象特性"工具栏上的 ≋ 图标，系统弹出"图层特性管理器"对话框，如图 5-1 所示，并进行如下设置。

① 单击 ≋ 按钮，在图层列表中将出现一个新的图层项目并处于选中状态。

② 设置新建图层的名称为"中心线"。单击"□白色"，显示"选择颜色"对话框，如图 5-3 所示，选择红色，按确定。

③ 单击"Continuous"显示选择线型对话框，如图 5-4 所示。

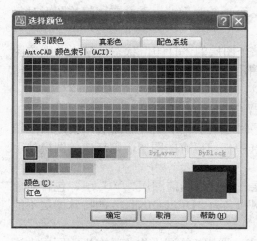

图 5-3 "选择颜色"对话框                              图 5-4 "选择线型"对话框

④ 单击 加载(L)... 显示"加载或重载线型"对话框，如图 5-5 所示。选择"Center"线型，按"确定"键。

⑤ 单击线宽的"—— 默认 "显示线宽对话框，如图 5-6 所示，选定线宽，按"确定"键。

图 5-5 "加载或重载线型"对话框                    图 5-6 "线宽"对话框

重复上一步的操作过程，再创建四个图层并设置。完成设置后，单击"确定"按钮结束命令，如图 5-7 所示。

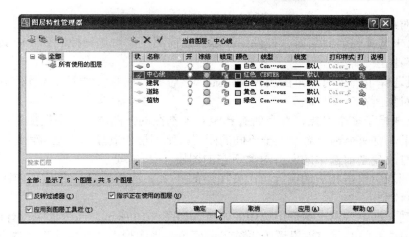

图 5-7　各层设置

## 五、图层对象特性工具条

图层对象特性工具条如图 5-8 所示。

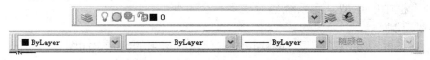

图 5-8　图层对象特性工具条

1．使对象所在图层为当前图层

选择"对象特性"工具栏中的 ⬚ 图标，系统将提示选择对象。

命令：_ai_molc

选择将使其图层成为当前图层的对象：（如果在此提示下选择某一对象，则该对象所在图层成为当前图层。）

2．恢复上一个图层

该命令的调用方式如下。

工具栏：对象特性 → ⬚

命令行：Layerp

该命令用于取消最后一次对图层设置的改变，并给出如下提示信息。

已恢复上一个图层状态

可连续选择该图标进行多次操作，当所有改变都被恢复后，系统将提示：

*没有上一个图层状态*

对于如下几种操作则不能使用该命令进行恢复。

① 命名图层：如果改变了图层的名称和特性，则该命令只能恢复被改变的特性，而不能恢复原来的名称。

② 删除图层：不能恢复被删除的图层。

③ 新建图层：不能恢复新建的图层。

3．图层控制

打开"对象特性"工具栏上的图层控制列表，将显示已有的全部图层情况，如图 5-9 所示。

图 5-9　图层控制列表

利用"对象特性"工具栏中的图层控制，可进行如下设置。

① 如果未选择任何对象时，控件中显示为当前图层。可选择控制列表中其他图层来将其设置为当前图层。

② 如果选择了一个对象，图层控制中显示该对象所在的图层。可选择控制列表中其他图层来改变对象所在的图层。

③ 如果选择了多个对象，并且所有选定对象都在同一图层上，图层控制中显示公共的图层；而如果任意两个选定对象处于不同的图层，则图层控制显示为空。可选择控制列表中其他项来同时改变当前选中的所有对象所在的图层。

在控件列表中单击相应的图标可改变图层的开/关、冻结/解冻、锁定/解锁等状态。

4．颜色控制

该下拉列表框中列出了图形可选用的颜色，如图 5-10 所示。当图形中没有选择实体时，在该列表框中选取的颜色将被设置为系统当前颜色；当图形中选择实体后，选中的实体颜色将改变为列表框中的颜色，而系统当前颜色不会改变。

5．线型控制

该下拉列表框中列出了图形可用的各种线型，如图 5-11 所示。当图形中没有选择实体时，在该列表框中选取的线型将被设置为系统当前线型；当图形中选择实体后，选中的实体线型将改变为列表框中的线型，而系统当前线型不会改变。

6．线宽控制

该下拉列表框中列出了随层、随块以及其他所有可用的线宽，如图 5-12 所示。当图形中没有选择实体时，在该列表框中选取的线宽将被设置为系统当前线宽；当图形中选择实体后，选中的实体线宽将改变为列表框中的线宽，当前线宽不会改变。

图 5-10　颜色控制

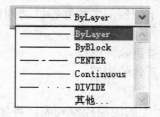

图 5-11　线型控制

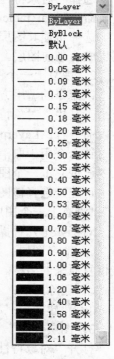

图 5-12　线宽控制

## 第二节 对象特性

### 一、对象特性

1．命令功能

在 AutoCAD 中，对象特性（Properties）是一个比较广泛的概念，即包括颜色、图层、线型等通用特性，也包括各种几何信息，还包括与具体对象相关的附加信息，如文字的内容、样式等。如果想访问特定对象的完整特性，则可通过"特性"窗口来实现，该窗口是用以查询、修改对象特性的主要手段。

2．调用该命令方式

工具条：标准（Standard）→

菜单：工具→对象特性管理器

命令提示行：Properties（ch、mo、props、ddchprop、ddmodify）

3．特性窗口详解

"特性"窗口与 AutoCAD 绘图窗口相对独立，在打开"特性"窗口的同时可以在 AutoCAD 中输入命令、使用菜单和对话框等。因此在 AutoCAD 中工作时可以一直将"特性"窗口打开。而每当选择了一个或多个对象时，"特性"窗口就显示选定对象的特性。

首先以未选中任何对象的"特性"窗口为例介绍其基本界面，如图 5-13 所示。

如果在绘图区域中选择某一对象，"特性"窗口将显示此对象所有特性的当前设置，可以修改可修改的特性。根据所选择的对象种类的不同，其特性条目也有所变化，"特性"命令可透明地使用。

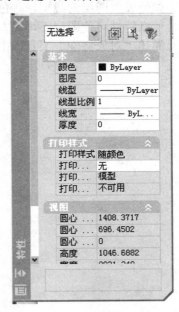

图 5-13 未选中任何对象的"特性"窗口

### 二、特性匹配

1．命令功能

将一个源对象的某些或所有特性复制给目标对象，可以复制的特性类型包括图层、线型、线型比例、线宽、打印样式等。默认情况下，所有可应用的特性都自动地从选定的第一个对象复制到其他对象。如果不希望复制特定的特性，使用"设置"选项禁止复制该特性。

2．调用该命令方式

工具条：标准（Standard）→

菜单：修改（M）→特性匹配（M）

命令提示行：Matchprop

如果不想复制某项特性，用鼠标右击，弹出如图 5-14 所示菜单。

选择"设置（S）"弹出如图 5-15 所示"特性设置"对话框进行设置。

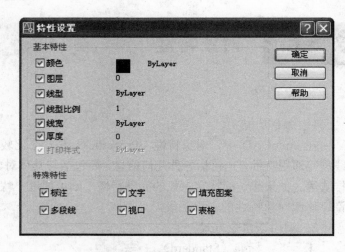

图 5-14　菜单　　　　　　　　　　　　　图 5-15　"特性设置"对话框

# 复习思考题

1. 什么是图层？图层有何作用？
2. 图层有哪些特性？
3. 如何设置图层的线型、颜色和线宽？
4. 什么特性可使图层不可见？有几个特性可做到这一点？
5. 简述"对象特性"工具栏中的各要素的作用。

# 第六章
## 图案填充和图块

# 第一节　图案填充

使用图案填充命令可在指定的封闭区域内填充指定的图案（如剖面线）。进行图案填充时，首先要确保填充的边界封闭，组成边界的对象可以是直线、圆弧、圆、椭圆、二维多段线、样条曲线等。

【功能】在指定的封闭区域内填充指定的图案。

【命令输入】下拉菜单：绘图→图案填充

工具栏：绘图→图案填充⊞

命令：**Bhatch** 或 **Bh**

【操作格式】输入相应命令后，弹出"图案填充和渐变色"对话框，如图 6-1 所示。该对话框有"图案填充"、"渐变色"两个选项卡和一些选项按钮。

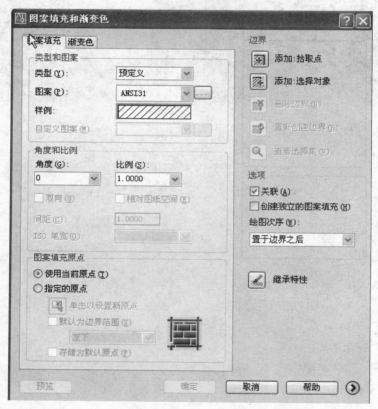

图 6-1　"图案填充和渐变色"对话框中的"图案填充"选项卡

选项卡的含义及操作如下。

1."图案填充"选项卡

（1）"类型"下拉列表　用于选择填充图案的类型，其中包含"预定义"、"用户定义"和"自定义"三个选项。

● "预定义"：让用户选择使用 AutoCAD 系统所提供的预定义的填充图案，这些图案包含在 ACAD.PAT 和 ACADISO.PAT 文件中。

● "用户定义"：允许用户使用当前线型定义一个简单的填充图案。

- "自定义"：用于从其他定制的".PAT"文件中指定一个图案。

（2）"图案"下拉列表　用于选择预定义图案，可直接输入图案编号，也可单击右边的 ⋯ 按钮，弹出"填充图案选项板"对话框（图6-2），从中选取适当的图案。

（3）"样例"框　显示所选图案的预览图像。

（4）"自定义图案"下拉列表框　列出所有可用的自定义图案。

（5）"角度"下拉列表框　用于选取或输入适当的角度值，将填充图案旋转一定角度。

（6）"比例"下拉列表框　用于选取或输入适当的图案填充比例系数。

（7）"间距"框　用于指定用户定义图案中平行线的间距。

（8）"ISO 笔宽"下拉列表框　用于设置 ISO 的预定义图案笔宽。

（9）"图案填充原点"　用来选择默认原点和指定原点。

2．"孤岛"选项卡

点击帮助边上的展开箭头，出现"孤岛"选项卡（图6-3）。

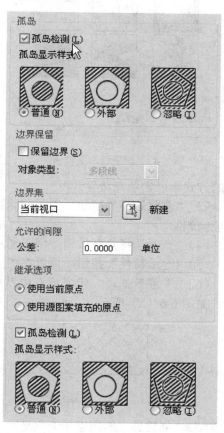

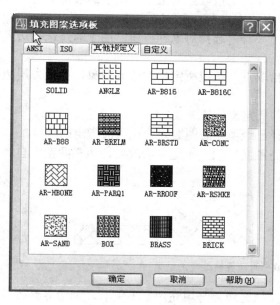

图6-2　"图案填充选项板"对话框　　　　　图6-3　"孤岛"选项卡

（1）"孤岛检测样式"　用于设置图案填充方式。包含在最外边界内的封闭区域称为孤岛。填充方式有三种，如图6-3所示。

（2）"对象类型"下拉列表　用于指定新建边界的类型为面域或多段线，该下拉列表只有在选择了"保留边界"后才有效。

（3）"边界集"下拉列表　用于指定边界对象的范围。

（4）"孤岛检测方式"　用于确定在使用"拾取点"的方式指定边界时，是否将最外边界内的孤岛也作为边界。其中，"填充"选项选择将孤岛作为边界对象，然后再根据"孤岛检测样式"中所选择的填充方式进行图案填充；"射线法"选项将孤岛不作为边界对象而全部填充，若选择此项，则在"孤岛检测样式"中选择的"普通"或"外部"方式不起作用。

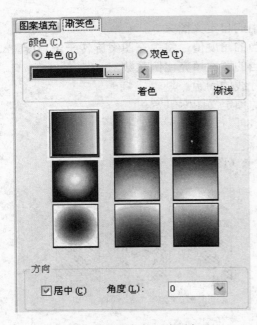

图 6-4 "渐变色"选项卡

点击帮助边上的展开箭头，可收回展开选项。

3．"渐变色"选项卡。

用于定义要应用的渐变填充的外观（图 6-4）。

（1）"单色" 指定使用从较深着色到较浅色调平滑过度的单色填充。

（2）"双色" 指定在两种颜色之间平滑过度的双色渐变填充。

（3） ... 按钮 单击以显示"选择颜色"对话框。

（4）"着色"和"渐浅"滚动条 指定一种颜色的色调（选定颜色与白色的混合）与着色（选定颜色与黑色的混合），用于渐变填充。

（5）"居中" 指定对称的渐变位置。

（6）"角度" 指定渐变填充的角度。

4．其他按钮及选项。

（1）"拾取点"按钮 用于通过拾取边界内部一点的方式来确定填充边界。

（2）"选择对象"按钮 用于通过选择边界对象的方式来确定填充边界。

（3）"删除边界"按钮 用于删除由"拾取点"按钮所定义的边界对象，但最外层边界不能被删除。

（4）"查看选择集"按钮 用于显示当前所定义的边界集。

（5）"继承特性"按钮 可以在图中选择已经填充的图案来填充当前指定的区域。

（6）"关联"选项 定义填充边界与填充图案关联。则边界修改后，填充图案将自动更新，如图 6-5（a）所示。

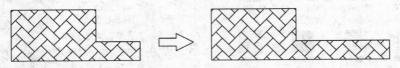

图 6-5（a） 关联填充时边界被改变的结果

（7）"创建独立的图案填充"选项 定义填充边界与填充图案不关联，则边界修改后，填充图案将不发生变化，如图 6-5（b）所示。

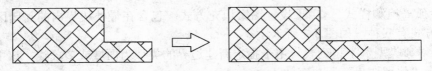

图 6-5（b） 不关联填充时边界被改变的结果

（8）"预览"按钮 用于预览图案的填充效果。预览完毕后，按回车或右击鼠标返回对话框，若不满意可进行修改。满意后单击"确定"按钮，完成图案填充。

## 第二节 图块与属性

### 一、定义块

图块简称块，是各种图形元素构成的一个整体图形单元。用户可以将经常使用的图形做成图块，需要时随时将已定义的图块调用到需要的图形中，这样可以避免许多重复的工作，提高绘图的速度与质量，并且便于修改和节省存储空间。

【功能】将指定图形定义为块。

【命令输入】下拉菜单：绘图→块→创建

工具栏：绘图→创建块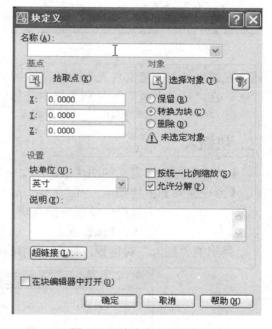

命令：**Block** 或 **B**

【操作格式】输入相应命令后，弹出"块定义"对话框，如图 6-6 所示。

① 在"名称"框中输入图块的名称。

② 单击"拾取点"按钮，对话框将暂时关闭，用鼠标在图中指定块的插入点。指定基点后按回车键，重新回到对话框。也可以直接在对话框中输入基点的坐标值。

③ 单击"选择对象"按钮，对话框将暂时关闭，用鼠标选择要定义成块的对象。选择完毕后按回车键，重新回到对话框。

④ 单击"确定"按钮，完成块的定义。块定义保存在当前图形中。

"块定义"对话框中其他选项的含义如下。

● 快速选择按钮 用于弹出"快速选择"对话框定义选择集。

● "保留" 在当前图形中保留选定作为块的对象及其原始状态。

● "转换为块" 将选定的对象在原有图形中转换为块。

图 6-6 "块定义"对话框

● "删除" 在定义块后删除选定的对象。

● "块单位"下拉列表框 用于选择块插入时的单位。

● "说明"编辑框 用于输入与块有关的说明文字，这样有助于迅速检索块。

### 二、块存盘

用 Bblock 命令所建的图块为内部块，它只能保存在当前的图形文件中，为当前文件所使用，这样受到很大的限制。为了使建立的图块能应用到别的图形文件中，必须将图块以文件的形式储存。块存盘就是将选择的图形以一个独立的文件（*.dwg）形式保存，反之，任何"*.dwg"文件都可以作为图块插入到其他图形文件中。

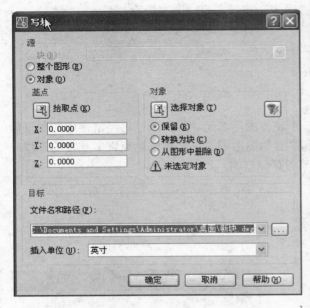

图 6-7 "写块"对话框

【功能】将指定图形以文件（*.dwg）形式保存。

【命令输入】键盘输入 Wblock 命令，弹出"写块"对话框，如图 6-7 所示。

操作如下。

① 在对话框"源"区，指定要保存为图形文件的块或者对象。

● "块" 将已有的图块转换为图形文件形式存盘。

● "整个图形" 将当前的整个图形文件作为一个块存盘。

● "对象" 将选定的图形对象作为块存盘。

② 在"目标"区，指定块存盘的图形文件名称、保存位置和插入单位。

● 在"文件名和路径"框中输入块存盘文件的名称和保存位置，也可以单击按钮，在弹出的"浏览文件夹"对话框中指定块存盘文件的保存位置。

● 在"插入单位"下拉列表框中选择块插入时的单位。

③ 单击"确定"按钮，块定义被保存为图形文件。

## 三、块插入

【功能】将已经定义的图块或图形文件以不同的比例或转角插入到当前图形文件中。

【命令输入】下拉菜单：插入→块

工具栏：绘图→插入块 🔲

命令：Insert 或 I

弹出的"插入"对话框，如图 6-8 所示。

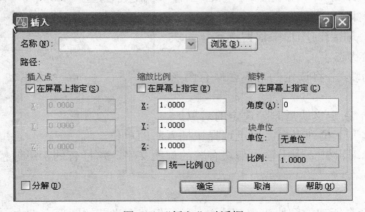

图 6-8 "插入"对话框

操作如下。

① 在"名称"下拉列表中选择所要插入的图块名称，或是通过 浏览(B)... 按钮，在弹出的"选择图形文件"对话框中选择需要的文件。

② 如果"插入点"、"缩放比例"、"旋转"都选择"在屏幕上指定"，单击"确定"，此时"插入"对话框被关闭，同时命令窗口出现提示：

指定插入点或[比例（S）/X/Y/Z/ 旋转（R）/ 预览比例（PS）/PX/PY/PZ/ 预览旋转（PR）]：（指定插入点。）

输入 X 比例因子，指定对角点或[角点（C）/XYZ]<1>：[输入 X 方向比例因子或拖动指定（默认值为 1）。]

输入 Y 比例因子或<使用 X 比例因子>：（输入 Y 方向的比例因子或回车默认 Y=X。）

指定旋转角度<0>：[输入图块相对于插入点的旋转角度或拖动指定（默认值为 0）。]

③ 如果"插入点"、"缩放比例"、"旋转"没有选择"在屏幕上指定"，则可在对话框中以参数形式指定。

④ 如果选择"分解"，则将所插入的图块分解为若干个独立的图形元素，这样有利于图形的编辑，但同时也丧失了图块的所有特性。

【说明】

① 比例因子大于 0，小于 1，图块将缩小；大于 1，图块将放大。比例因子也可为负值，其结果插入块的镜像图。

② 如果要对插入后的图块进行局部编辑，首先应分解图块。

③ 如果要修改图中多个同名图块，可以先修改一个，然后以相同的名称将原有图块重新定义，完成后图形中所有同名图块将自动更新为新的内容。

④ 插入图块时，该图块 0 层上的对象将被赋予当前层的特性；而处于非 0 层的对象将仍然保持原先所在层的特性。

## 四、块的属性

在 AutoCAD 中，用户可以为块加入与图形有关的文字信息，既为块定义属性。这些属性是对图形的标志或文字说明，是块的组成部分。在定义带属性的块前应先定义属性，然后将属性和要定义成块的图形一起定义成块。

1. 定义块的属性

【命令输入】下拉菜单：绘图→块→定义属性

命令：**Attdef** 或 **ATT**

【操作格式】输入相应命令后，弹出"属性定义"对话框，如图 6-9 所示。该对话框中各选项的含义及操作方法如下。

（1）"模式"区　用于设置属性的模式。

（2）"属性"区　用于定义属性的标记、提示及默认值。

● 在"标记"框中输入属性的标记，例如"ZH"。

● 在"提示"框中输入属性提示，例如"请输入轴线编号"。

● 在"值"框中输入属性默认值，例如"1"。

（3）"插入点"区　用于确定属性标记及属性值的起始位置。单击"拾取点"按钮，可以直接在图形中指定属性标记及属性值的起始点位置。

（4）"文字选项"区　用于设置与属性文字有关的选项。

● 在"对正"下拉列表框中选择文字对齐方式。

● 在"文字样式"下拉列表框中选择属性文字的样式。

● 在"高度"框中输入属性文字的高度。

● 在"旋转"框中输入属性文字的旋转角度。

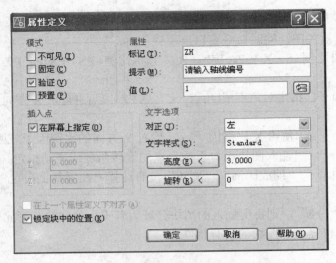

图 6-9　"属性定义"对话框

（5）"在上一个属性定义下对齐"复选框　用于确定是否在前面所定义的属性下面直接放置新的属性标记。

上述各选项设置完毕后，单击"确定"按钮，即完成了一个属性定义的操作，该属性标记就出现在图形中。

2．定义带属性的块

定义带属性的块的步骤：先给要定义成块的图形定义一个属性，然后再将属性标记和要定义成块的图形一起创建成同一个块，则该块就带有属性定义。

3．插入带属性的块

当用户插入一个带属性的块时，前面的操作与插入一个一般的块的方法相同，只是在后面增加了输入属性值的提示，用户可以在此输入不同的属性值。

## 五、编辑块

用 BEDIT 命令可以对块进行编辑修改。

【命令输入】　在标准工具条中选择块编辑器 ✎。

命令：Bedit

跳出"编辑块定义"对话框如图 6-10 所示。

操作如下。

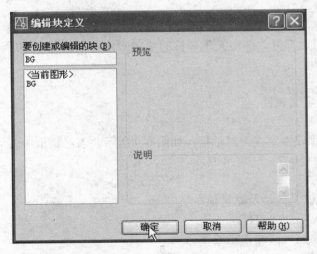

图 6-10　"编辑块定义"对话框

输入块名后，按确定就可以进行块修改。工具条如图 6-11 所示。

图 6-11　块编辑器工具条

修改好后保存块定义选 ⬚，将块另存为选 ⬚，然后关闭块编辑器，回到画图状态。

## 六、编辑属性

### 1. 修改属性定义

定义完属性后，若发现不对，可以双击带属性的块，弹出"增强属性编辑器"对话框，可对属性值进行编辑，如图 6-12 所示。

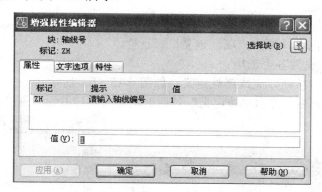

图 6-12 "增强属性编辑器"对话框

### 2. 编辑块的属性

属性块插入后，若发现属性值及其位置、字型、字高等不妥，可通过"块属性管理器"对话框修改，操作如下：选择"菜单"→"修改"→"对象"→"属性"→"块属性管理器"，弹出如图 6-13 所示"块属性管理器"对话框，单击"编辑"按钮，弹出"编辑属性"对话框，如图 6-14 所示，在该对话框中可修改块的属性、文字选项、特性等，所做的修改将会使指定的块立即得到更新。

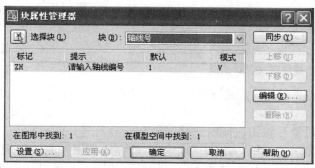

图 6-13 "块属性管理器"对话框

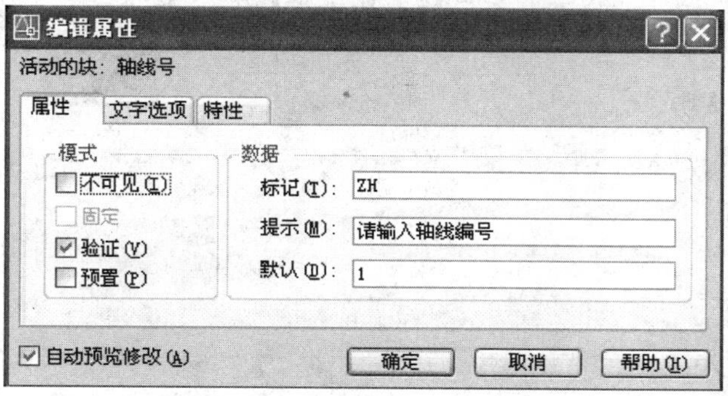

图 6-14 "编辑属性"对话框

**【例 6-1】** 定义一个带属性的标高符号图块。

① 先画一个标高符号，如图 6-15（a）所示。

图 6-15 "编辑属性"图

② 输入 Attdef 命令，弹出"属性定义"对话框。

③ 参照图 6-16 设置各个选项。

④ 单击"确定"按钮，完成属性定义，如图 6-15（b）所示。

⑤ 输入 Block 命令，弹出"块定义"对话框，如图 6-17 所示，输入块名称为"标高"。

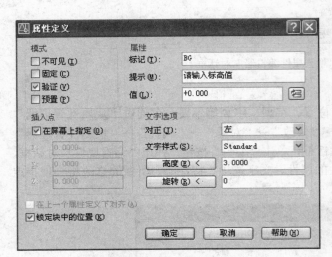

图 6-16 "属性定义"对话框

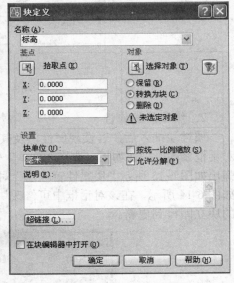

图 6-17 "块定义"对话框

⑥ 单击"拾取点"按钮，在图 6-15（b）中拾取点 M 为块的插入基点，按回车返回对话框。

⑦ 单击"选择对象"按钮，同时选择属性和标高符号。

⑧ 按回车重新显示对话框，单击"确定"，即完成带属性的块的定义。

⑨ 点下拉菜单插入块，弹出"插入"对话框，如图 6-18 所示，选择"标高"图块。

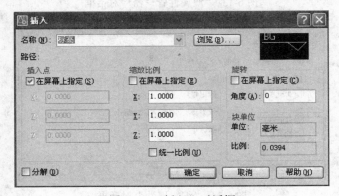

图 6-18 "插入"对话框

⑩ 双击"属性"，弹出"增强属性编辑器"对话框，可对属性值进行编辑，如图 6-19 所示，可对插入的块的标高值进行修改。

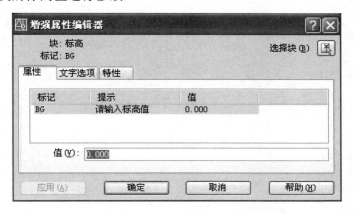

图 6-19　"增强属性编辑器"对话框

# 复习思考题

1. 为什么要使用图块？

2. 图块有哪两种类型？哪一种既可用于定义它的图形中，也可以用于其他图形文件？为什么可用于其他图形文件中？

3. 试做带有属性的标高的块。

# 第七章
## 文本注写与尺寸标注

# 第一节　文本注写

在一个完整的图样中，一般都包含有文字注释，用于标注图样中的一些非图形信息，如技术要求、标题栏、在尺寸标注时的尺寸数值等。

## 一、创建文字样式

在文字注写时，首先应设置文字样式，这样才能注写符合要求的文本。

1. 功能

建立和修改文字样式，如文字的字体、字型、高度、宽度系数、倾斜角、反向、倒置及垂直等参数。

2. 命令的输入方式

命令：Style（St）

下拉菜单：格式→文字样式

工具条：在"样式"工具条中，单击"文字样式管理器"图标按钮，如图 7-1 所示，在"文字"工具条中，单击"文字样式管理器"图标按钮 ▲。此时，弹出"文字样式"对话框，如图 7-2 所示。

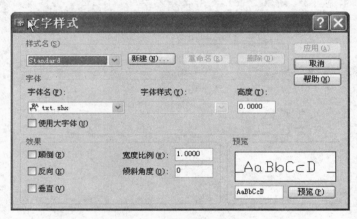

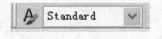

图 7-1　文字样式管理器　　　　　　　　　图 7-2　"文字样式"对话框

3. 对话框说明

（1）"样式名"区域　用于显示文字样式的名称、创建新的文字样式、为已有的文字样式命名或删除文字样式。

① "样式名"下拉列表框　列出当前使用的文字样式，默认文字样式为 Standard。单击其左侧的下拉箭头，在下拉列表中显示当前图形文件中已定义的所有文字样式名。

② "新建"按钮　用于创建新文字样式，单击该按钮，弹出"新建文字样式"对话框，在对话框的"样式名"文本框中输入新建文字样式名称，单击确定按钮，即建立了一个新文字样式名称，并返回到"文字样式"对话框，可对新文字样式进行设置。

③ "重命名"按钮　单击该按钮，将打开"重命名文字样式"对话框，在"样式名"文本框中，用来更改已选择的文字样式的名称。

④ "删除"按钮　用来删除某一存在的文字样式，但无法删除已经被使用的文字样式和 Standard 样式。

（2）"字体"区域　可以显示文字样式使用的字体和字高等属性。

①"字体名"下拉列表框　在该列表框中可以显示和设置字体，单击该列表框右侧的下拉箭头，在弹出的下拉列表框中，列出了供选用的多种外文和中文字体。

②"使用大字体"复选框　用于设置大字体选项。

③"字体样式"下拉列表框　当选中"使用大字体"复选框后，在该列表框中可以显示和设置一种大字体类型，单击该列表框左侧的下拉箭头，在弹出的下拉列表框中，列出了供选择用的大字体类型。

④"高度"文本框　用于设置字体高度，系统默认值为 0，若取默认值，注写文本时系统提示输入文本高度。

（3）"效果"区域　可以设置文字的显示效果。

①"颠倒"复选框　控制是否将字体倒置。

②"反向"复选框　控制是否将字体以反向注写。

③"垂直"复选框　控制是否将文本以垂直方向注写。

④"宽度比例"文本框　用来设置文字字符的高度和宽度之比。当值为 1 时，将按系统定义的宽度比书写文字；当小于 1 时，字符变窄；当大于 1 时，字符变宽。

⑤"倾斜角度"文本框　用于确定字体的倾斜角度，其取值范围为–85°~85°。当角度值为正值时，向右倾斜；为负值时，向左倾斜；若要设置国标斜体字，则设置为 15°。

（4）"预览"区域　可以预览所选择或设置的文字样式效果。在下面的文本框中输入要观察的字符，单击"预览"按钮，可在预览框中观察设置效果。

完成文字样式设置后，单击右上角的"应用"按钮，再单击"关闭"按钮关闭对话框。注写文本时，按设置的文字样式进行文本标注。长仿宋体的样式如图 7-3 所示。

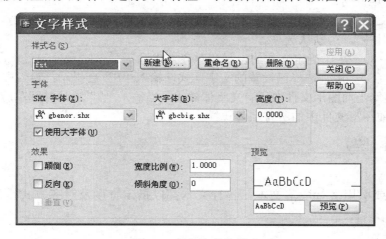

图 7-3　长仿宋体的样式

数字符号的样式如图 7-4 所示。

## 二、单行文本注写

1. 功能

注写单行文字，标注中可使用回车键换行，也可在另外的位置单击鼠标左键，以确定一个新的起始位置。不论换行还是重新确定起始位置，每次输入的一行文本为一个实体。

2. 命令的输入方式

（1）命令：Text（DT）

（2）下拉菜单：绘图→文字→光标菜单→单行文字。

（3）工具条：在"文字"工具条中，单击"单行文字"图标按钮 AI，如图7-5所示。

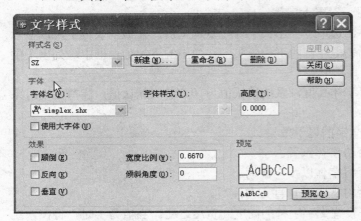

图7-4　数字符号样式　　　　　　　　　　图7-5　"文字"工具条

系统提示如下。

当前文字样式：（当前值）当前文字高度：（当前值）

指定文字的起点或[对正(J)/样式(S)]:

指定高度：（当前值）

指定文字的旋转角度<0>:

3．各选择项说明

（1）指定文字的起点　用于确定文本基线的起点位置，平行注写时，文本由此点向右排列，称为"左对齐"，为默认选项。

（2）对正（J）　用于确定文本的位置和对齐方式。

（3）样式（S）　用来选择已设置的文字样式，输入"S"会提示：输入样式名或[?]

（4）?　显示当前图形文件中所有文字体样式。当输入"?"选项并回车后，则打开文本窗口，列出当前图形文件中的所有字体式样。

## 三、段落文本注写

1．功能

一次注写或引用多行段落文本，各行文本都以指定宽度及对齐方式排列并作为一个实体。

2．格式

命令：Mtext（Mt）

下拉菜单：绘图→文字→光标菜单→多行文字

工具条：在"绘图"工具条中，单击"多行文字"图标按钮；在"文字"工具条中，单击"多行文字"图标按钮 A 。

系统提示如下。

指定第一角点：（确定第一个角点。）

指定对角点或　[高度（H）/对正（J）/行距（L）/旋转（R）/样式（S）/宽度（W）]:（输入选择项。）

3．各选择项说明

（1）指定对角点　用于确定标注文本框的另一角点，为缺省选项。

（2）高度（H）　用于确定字体的高度。

（3）对正（J）　用于设置文本的排列方式。

（4）行距（L）　用于设置行间距。

（5）旋转（R）　用于设置文本框的倾斜角度。

4．多行文本

当确定标注多行文本区域后，屏幕上弹出创建多行文字的"文字格式"工具条和文字输入窗口，如图 7-6 所示。利用它们可以设置多行文字的样式、字体及大小等属性。

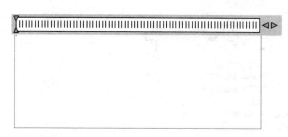

图 7-6　创建多行文字的"文字格式"工具条和文字输入窗口

使用"文字格式"工具栏，用于对多行文字的输入设置，其主要功能如下。

①"文字格式"下拉列表框　用于显示和选择设置的文字样式。

②"字体"下拉列表框　用于显示和选择文字使用的字体。

③"高度"下拉列表框　用于显示和设置文字的高度。可以从下拉列表框中选择，也可以直接输入高度值。

## 四、特殊字符的输入

在图样中，经常需要标注一些从键盘不能直接输入的特殊字符，如$\Phi$、$\pm$、°（度）、△、□、$\alpha$等。可采用以下方法输入。

1．在单行文字命令状态下输入

可利用 AutoCAD 提供的控制码输入特殊字符。从键盘上直接输入这些控制码，可以输入特殊字符。控制码及其对应的特殊字符，如表 7-1 所示。

表 7-1　控制码及其对应的特殊字符

| 控 制 码 | 相对应的特殊字符 | 控 制 码 | 相对应的特殊字符 |
|---|---|---|---|
| %%O | 打开或关闭文字上画线 | %%P | $\pm$ |
| %%U | 打开或关闭文字下画线 | %%C | $\phi$ |
| %%D | °（度） | %%% | % |

2．在多行文字命令状态下输入

多行文本操作右键快捷菜单中，在"符号"选项中选择特殊字符的输入，如图 7-7 所示。

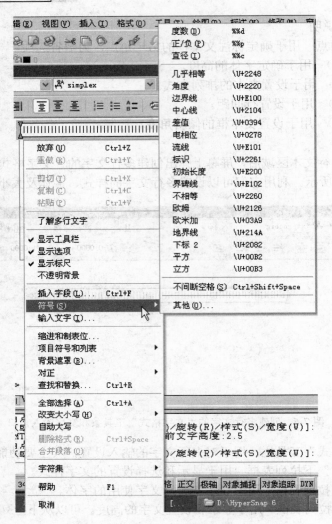

图 7-7 多行文本操作右键快捷菜单

## 五、文本编辑

有时需要对已标注文本的内容、样式等进行编辑修改，可采用以下方法完成。

### （一）文本内容编辑

1．功能

对单行文本或段落文本内容进行编辑修改。

2．命令的输入方式

（1）命令：Ddedit（ED）

（2）下拉菜单：修改→对象→文字→光标菜单→编辑

系统提示如下。

选择注释对象或［放弃（U）］：（选取文本。）

若选取的文本为单行文本，则弹出"编辑文字"对话框，如图 7-8 所示。

（3）双击文字也可直接弹出如图 7-8 对话框。在该对话框中，对文本内容进行编辑修改。

图 7-8 "编辑文字"对话框

若选取的文本为段落文本，则弹出创建多行文字的"文字格式"工具条和文字输入窗口，可以对文本进行全面的编辑。

### （二）用"特性"命令编辑文本

在弹出"特性"对话框的文本属性形式中，可对所选择的文本进行编辑修改。

### （三）利用剪贴板复制文本

利用 Windows 操作系统的剪贴板功能，实现文本的剪切、复制和粘贴。

## 第二节 尺寸标注

尺寸标注是绘图设计中的一项重要工作，图样上各实体的位置和大小需要通过尺寸标注来表达。利用系统提供的尺寸标注功能，可以方便、准确地标注图样上各种尺寸。

### 一、尺寸标注的基本概念

#### （一）尺寸的组成

一个完整的尺寸由尺寸线（Dimension Lines）、尺寸界线（Extension Lines）、箭头（Arrows）和尺寸文本（Text）组成。通常 AutoCAD 将构成尺寸的四个部分以块的形式存放在图形文件中。因此，AutoCAD 中的尺寸是一个实体。

#### （二）尺寸标注的类型

系统提供了三种基本的标注类型：线性（长度）、半径和角度。标注可以是水平、垂直、对齐、旋转、坐标、基线或连续等，如图 7-9 所示。

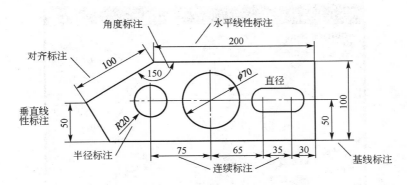

图 7-9 尺寸标注的类型

### （三）尺寸标注命令的调用

在系统中，可用不同的方法调用尺寸标注命令。

（1）命令：在"命令:"提示符下，直接输入命令。

（2）下拉式菜单：在下拉菜单"标注"中，调用相应选项。

（3）工具条：在"标注"工具条中，单击相应图标按钮，如图7-10所示。

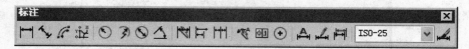

图7-10 "标注"工具条

### （四）尺寸标注的步骤

对图形尺寸标注时，通常应遵循以下步骤。

① 调用"图层特性管理器"对话框，创建一个独立的图层，用于尺寸标注。

② 调用"文字样式"对话框，创建一个文字样式，用于尺寸标注。

③ 调用"标注样式管理器"对话框，设置标注样式。

④ 调用尺寸标注命令，使用对象捕捉功能，对图形进行尺寸标注。

## 二、尺寸样式的设置及管理

在图形尺寸标注之前，应为尺寸标注创建一个尺寸标注样式。通过"标注样式管理器"对话框来创建及管理尺寸标注样式。也可以通过改变尺寸标注系统变量，来设置尺寸标注样式。

### （一）尺寸标注样式的创建及管理

**1．功能**

创建和管理尺寸标注样式。

**2．命令的输入方式**

（1）命令：Ddim（D）

（2）下拉菜单：标注→样式；格式→标注样式

（3）工具条：在"标注"工具条中，单击"标注样式"图标按钮 ；在"样式"工具条中，单击"标注样式管理器"图标按钮 。

输入命令后弹出"标注样式管理器"对话框，如图7-11所示。

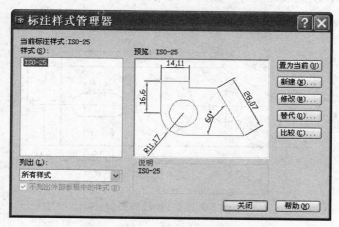

图7-11 "标注样式管理器"对话框

**3．对话框说明**

（1）"当前标注样式：×××"显示栏 显示当前正在使用的尺寸标注样式名称。

（2）"样式"列表框 显示当前图形文件中所有尺寸标注样式。在该列表中，选中某一尺寸标注样式并单击右键单击，则弹出一快捷菜单，利用该快捷菜单可以设置、重命名、删除所选的尺寸标注样式。

（3）"列出"下拉列表框 在该列表框中，可以选择在"样式"列表框中所显示的尺寸标注样式，可在"所有样式"和"正在使用的样式"之间选择。

（4）"不列出外部参照中的样式"复选框 确定是否在"样式"列表框中显示外部参照的尺寸标注样式。

（5）"置为当前"按钮 把在"样式"列表框中选中的尺寸标注样式设置为当前尺寸标注样式。

（6）"预览：×××"显示框 显示当前尺寸标注样式的图形标注效果。

（7）"说明"显示框 显示对当前使用的尺寸标注样式的说明。

另外，在该对话中还包括："新建"、"修改"、"替代"、"比较"按钮，单击它们可以调出下一级对话框。在用"新建"、"修改"、"替代"三个按钮调出的对话框中，都包括六个相同的选项卡："直线和箭头"、"文字"、"调整"、"主单位"、"换算单位"和"公差"。

## （二）创建新尺寸标注样式

### 1．确定新尺寸标注样式名称

在"标注样式管理器"对话框中，单击"新建"按钮，弹出"创建新标注样式"对话框，如图 7-12 所示。取新样式名为：建筑（JZ）。

对话框说明如下。

（1）"新样式名"文本框 输入新建尺寸标注样式名称。

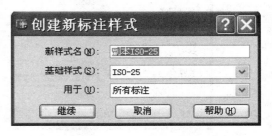

图 7-12 "创建新标注样式"对话框

（2）"基础样式"下拉列表框 用于选择一个已有的基础标注样式，新样式可在该基础样式上生成。

（3）"用于"下拉列表框 用于指定新建尺寸标注样式的适用范围，可在"所有标注"、"线性标注"、"角度标注"、"半径标注"、"直径标注"、"坐标标注"和"引线与公差"中选择一种。

（4）"继续"按钮 当完成"创建新标注样式"对话框的设置后，单击该按钮，将打开"新建标注样式"对话框。

### 2．创建尺寸标注样式

以画建筑平、立、剖面图为例，画图比例为 1∶100。

（1）"直线"选项卡 单击"新建标注样式"对话框中的"直线"选项卡后，对话框形式如图 7-13 所示。该对话框可以设置尺寸线、尺寸界线的格式，另外还可以设置颜色等。

对话框说明如下。

① "尺寸线"区域 用于尺寸线的颜色、线宽、超出标记以及基线间距等的设置。

② "尺寸界线"区域 用于设置尺寸界线。可设置尺寸界线的颜色、线宽、超出尺寸线的长度和起点偏移量，控制是否隐藏尺寸界线等。

（2）"符号和箭头"选项卡 单击"新建标注样式"对话框中的"符号和箭头"选项卡后，对话框形式如图 7-14 所示。该对话框可以设置箭头、圆心标记。

对话框说明如下。

① "箭头"区域 可以设置尺寸线和引线箭头的类型及箭头尺寸大小。一般情况下，尺寸线的两个箭头应一致。为了满足不同类型尺寸标注的需要，系统提供了多种不同类型的箭头样式，可以通过单击相应的下拉箭头，在弹出的下拉列表框中选择，并在"箭头大小"文

本框中设置它们的大小。

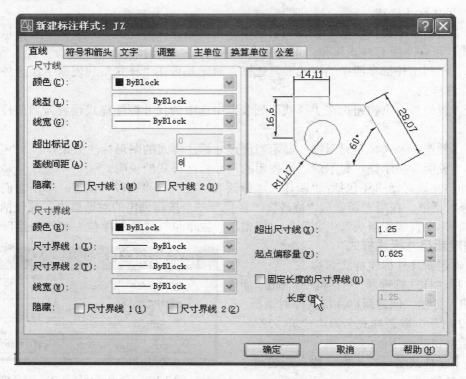

图 7-13 "新建标注样式"对话框的"直线"选项卡形式

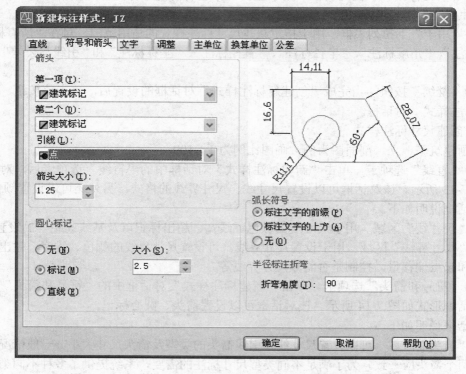

图 7-14 "新建标注样式"对话框的"符号和箭头"选项卡形式

②"圆心标记"区域 用于设置圆心标记的类型和大小。

（3）"文字"选项卡 单击"新建标注样式"对话框中的"文字"选项卡后，对话框形式如图 7-15 所示。在该对话框中，可以设置标注文字的外观、位置和对齐方式。

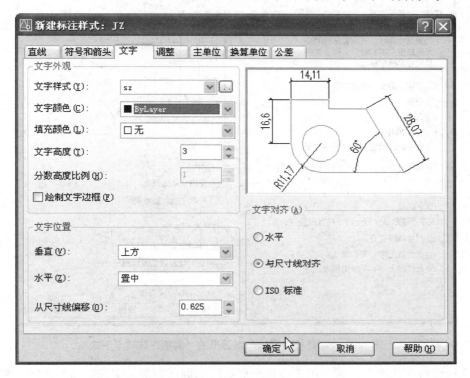

图 7-15 "新建标注样式"对话框的"文字"选项卡形式

对话框说明如下。

①"文字外观"区域 用于尺寸文字的样式、颜色、高度和分数高度比例以及控制是否绘制文字边框。

"文字样式（Y）"下拉列表框可选择文字样式。可以单击该框右侧的下拉箭头，在弹出的下拉列表框中，选择文字样式。单击该列表框右侧按钮，将弹出"文字样式"对话框，在该对话框中，可以设置新的文字样式。

②"文字位置"区域 设置文字的垂直、水平位置及距尺寸线的距离。

③"文字对齐"区域 用于控制标注文本的书写方向。它包括三个单选框："水平"单选框，标注文字水平放置；"与尺寸线对齐"单选框，尺寸文本始终与尺寸线保持平行；"ISO标准"单选框，尺寸文本书写按 ISO 标准的要求书写，即当文字在尺寸界线内时，文字与尺寸线保持平行，当文字在尺寸界线外时，文字水平排列。

（4）"调整"选项卡 单击"新建标注样式"对话框中的"调整"选项卡后，对话框形式如图 7-16 所示。该对话框用于设置标注文字、尺寸线、尺寸箭头的位置。

对话框说明如下。

①"调整选项"区域 用于设置尺寸文本与尺寸箭头的格式。在标注尺寸时，如果没有足够的空间将尺寸文本与尺寸箭头全部写在尺寸界线内部时，可选择该栏所确定的各种摆放形式，来安排尺寸文本与尺寸箭头的摆放位置。

②"文字位置"区域 设置文本的特殊放置位置。如果尺寸文本不能按规定放置时可采

用该区域的选择项，设置尺寸文本的放置位置。

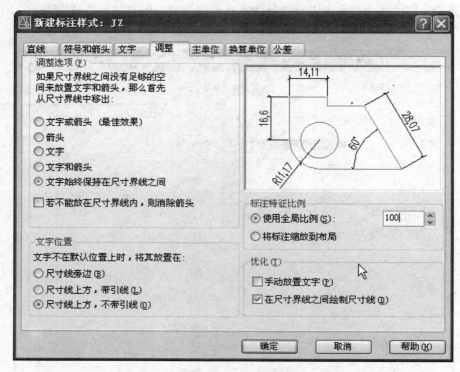

图 7-16 "新建标注样式"对话框的"调整"选项卡形式

③"标注特征比例"区域 用于设置全局标注比例或布局（图纸空间）比例。所设置的尺寸标注比例因子，将影响整个尺寸标注所包含的内容。例如，如果文本字高设置为 2.5mm，比例因子为 100，则标注时字高为 250 mm。

a. "使用全局比例"单选框及文本框 用于选择和设置尺寸比例因子，使之与当前图形的比例因子相符。例如，在一个准备按 1：100 缩小输出的图形中（图形比例因子为 100），如果文字高度都被定义为 3，且要求输出图形中的文字高度和箭头尺寸也为 3，那么必须将该值（变量 DIMSCALE）设为 100。这样一来，在标注尺寸时，AutoCAD 会自动地把标注文字和箭头等放大到 300，而当用绘图设备输出该图时，高度为 300 的文字又减为 3。该比例不改变尺寸的测量值。

b. "将标注缩放到布局"单选框 确定该比例因子是否用于布局。如果选中该单选框，则系统会自动根据当前模型空间视口和图纸空间之间的比例关系设置比例因子。

④"优化（T）"区域 用来设置标注尺寸时是否进行附加调整。

a. "手动放置文字（P）"复选框 根据需要，手动放置标注文本。

b. "在尺寸界线之间绘制尺寸线（A）"复选框 在尺寸界线之间必须画出尺寸线。

（5）"主单位"选项卡 单击"新建标注样式"对话框中的"主单位"选项卡后，对话框形式如图 7-17 所示。该对话框用于设置主单位的格式、精度和标注文本的前、后缀等。

"线性标注"区域 需设置线性标注尺寸的单位格式和精度。

①"单位格式（U）"下拉列表框 选择标注单位格式。单击该框右边的下拉箭头，在弹出的下拉列表框中，选择单位格式。单位格式有"科学"、"小数"、"工程"、"建筑"、"分数"、"Windows 桌面"。

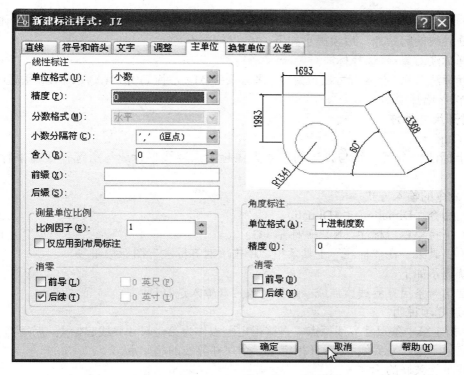

图 7-17 "新建标注样式"对话框的"主单位"选项卡形式

② "精度（P）"下拉列表框 设置尺寸标注的精度，即保留的小数点后的位数。

## （三）修改标注样式

在"标注样式管理器"对话框中，单击"修改（M）…"按钮，弹出"修改标注样式"对话框。该对话中所包含的内容和使用方法与"新建标注样式"对话框相同，可以对当前尺寸标注样式进行修改。

# 三、长度型尺寸标注

## （一）线性尺寸标注

1．功能

用来标注水平、垂直和指定角度的长度型尺寸。

2．命令的输入方式

（1）命令：Dimlinear（Dimlin）

（2）下拉菜单：标注（N）→线性（L）

（3）工具条：在"标注"工具条中，单击"线性标注"图标按钮 。

系统提示如下。

指定第一条尺寸界线原点或〈选择对象〉：（输入选择项。）

3．选项说明

（1）指定第一条尺寸界线原点 指定第一条尺寸界线的起始点，后续提示如下。

指定第二条尺寸界线原点：（选择第二条尺寸界线的起始点。）

创建了无关联的标注指定尺寸线位置或 ［多行文字(M)/文字(T)/角度(A)/水平(H)/垂直(V)/旋转(R)］：（输入选择项。）

（2）选择标注实体　直接按回车，选择线段、弧线或圆等图形实体，然后以实体的端点作为尺寸界线的起始点。后续提示如下。

选择标注对象：（选择标注对象。）

选择标注对象：指定尺寸线位置或［多行文字(M)/文字(T)/角度(A)/水平(H)/垂直(V)/旋转(R)］：（输入选择项。）

## （二）对齐尺寸标注

**1．功能**

用于标注一个尺寸线与指定的尺寸界线起始点连线平行或与所选择实体平行的长度尺寸。

**2．命令的输入方式**

（1）命令　Dimaligned（Dimali）

（2）下拉菜单　标注（N）→对齐（G）

（3）工具条　在"标注"工具条中，单击"对齐标注"图标按钮。

系统提示如下。

指定第一条尺寸界线原点或〈选择对象〉：（输入选择项。）

**3．选择项说明**

（1）指定第一条尺寸界线原点　直接指定一点作为第一尺寸界线起始点，后续提示如下。

指定第二条尺寸界线原点：（指定第二个尺寸界线的起始点。）

创建了无关联的标注。

指定尺寸线位置或［多行文字(M)/文字(T)/角度(A)］：（输入选择项。）

（2）选择实体　直接按回车键，后续提示如下。

选择标注对象：（选择标注尺寸的对象。）

指定尺寸线位置或［多行文字(M)/文字(T)/角度(A)］：（输入选择项。）

## （三）基线尺寸标注

**1．功能**

用来标注从同一条基线开始的一系列尺寸。

**2．命令的输入方式**

（1）命令　Dimbase（Dimbaseline）

（2）下拉菜单　标注（N）→基线（B）

（3）工具条　在"标注"工具条中，单击"基线标注"图标按钮。

系统提示如下。

指定第二条尺寸界线原点或［放弃(U)/选择(S)］〈选择〉：（输入选择项。）

**3．各选择项说明**

（1）指定第二条尺寸界线原点　直接指定第二条尺寸界线的起始点，系统连续提示。

（2）放弃（U）　删除前一个基线标注的尺寸。

（3）选择（S）　重新选择一个尺寸界线作为基线尺寸标注的基准线。

（4）选择　直接回车，选择一个尺寸界线作为基线标注的基准线。

## （四）标注连续型长度尺寸

**1．功能**

所标注尺寸的尺寸界线均以前一个尺寸的第二条界线作为该尺寸界线的第一条尺寸界线，并且尺寸线在同一直线上。

**2．命令的输入方式**

（1）命令　Dimcontinue（Dimcont）

（2）下拉菜单　标注（N）→连续（C）

（3）工具条　在"标注"工具条中，单击"连续标注"图标按钮 ⊞。

系统提示如下。

指定第二条尺寸界线原点或 ［放弃(U)/选择(S)]〈选择〉（输入选择项。）

在进行连续标注或基线标注时，首先应创建（或选择）一个线性、坐标或角度标注作为基准标注，以确定连续标注或基线标注所需要的前一尺寸标注的尺寸界线。

## 四、角度型尺寸标注

1．功能

用来标注两条非平行直线之间的夹角、圆弧的圆心角以及不共线三点决定的两直线之间的夹角。

2．命令的输入方式

（1）命令　Dimang（Dimangular）

（2）下拉菜单　标注（N）→角度（A）

（3）工具条　在"标注"工具条中，单击"角度标注"图标按钮 △。

系统提示如下。

选择圆弧、圆、直线或〈指定顶点〉：（输入选择项。）

此时，可以直接选择要标注的圆弧、圆或不平行的两条直线，若按回车，则可选择不共线的三点所确定的夹角。

当直接确定尺寸线的位置时，系统按测量值标注出角度。另外，还可以通过"多行文字(M)"、"文字（T）"、"角度（A）"等选项，输入标注的尺寸值及尺寸数值的倾斜角度。

## 五、半径型尺寸、直径型尺寸标注和中心标记

### （一）半径型尺寸标注

1．功能

标注圆弧或圆的半径。

2．命令的输入方式

（1）命令　Dimradius（Dimrad）

（2）下拉菜单　标注（N）→半径（R）

（3）工具条　在"标注"工具条中，单击"半径标注"图标按钮 ◕。

系统提示如下。

选择圆弧或圆：（选择圆弧或圆对象。）

指定尺寸线位置或［多行文字(M)/文字(T)/角度(A)]：（输入选择项。）

当直接确定尺寸线的位置时，系统按测量值标注出半径及半径符号。另外，还可以用"多行文字(M)"、"文字(T)"、"角度(A)"选项，输入标注的尺寸值及尺寸数值的倾斜角度，当重新输入尺寸值时，应输入前缀"R"。

### （二）直径型尺寸标注

1．功能

标注圆或圆弧的直径。

2．命令的输入方式

（1）命令　Dimdiameter（Dimdia）

（2）下拉菜单　标注（N）→直径（D）

（3）工具条　在"标注"工具条中，单击"直径标注"图标按钮 。

系统提示如下。

选择圆弧或圆：（选择圆弧或圆对象。）

指定尺寸线位置或　[多行文字(M)/文字(T)/角度(A)]：（输入选择项。）

当直接确定尺寸线的位置时，系统按测量值标注出直径及直径符号。另外，还可以用"多行文字(M)"、"文字(T)"、"角度(A)"选项，输入标注的尺寸值及尺寸数值的倾斜角度，当重新输入尺寸值时，应输入前缀"%%C"（直径"$\phi$"的输入）。

### （三）圆心标记

**1．功能**

绘制圆或圆弧的圆心标记或中心线，符号大小由尺寸变量 DIMCEN 控制。

**2．命令的输入方式**

（1）命令　Dimcenter

（2）下拉菜单　标注（N）→圆心标记（C）

（3）工具条　在"标注"工具条中，单击"圆心标记"图标按钮 。

系统提示如下。

选择圆弧或圆：（选择圆弧或圆对象。）

**3．说明**

圆心标记可以是过圆心的十字标记，也可以是过圆心的中心线。它是通过系统变量 DIMCEN 的设置来进行控制，当该变量值大于 0 时，作圆心十字标记，且该值是圆心标记的线长度的一半；当变量值小于 0 时，画中心线，且该值是圆心处小十字长度的一半。

## 六、坐标型尺寸标注

**1．功能**

以坐标形式标注实体上任一点的坐标值。

**2．命令的输入方式**

（1）命令　Dimordinate（Dimord）

（2）下拉菜单　标注（N）→坐标（O）

（3）工具条　在"标注"工具条中，单击"坐标标注"图标按钮 。

系统提示如下。

指定点坐标：（指定一点。）

指定引线端点或 [X 基准(X)/Y 基准(Y)/多行文字(M)/文字(T)/角度(A)]：（输入选项。）

**3．选择项说明**

（1）指定引线端点　根据给出两点的坐标差生成坐标尺寸，如果 X<Y 则标注 Y 坐标，反之则标注 X 标注。

（2）基准（X）　标注 X 坐标。

（3）基准（Y）　标注 Y 坐标。

（4）多行文字（M）　输入多行尺寸文本。

（5）文字（T）　可以在引线后标注文本。

（6）角度（A）　表示输入文本转角，产生一个标注文本与水平线呈一定角度的尺寸标注。

## 七、快速引线标注

1．功能

用连续折线或圆滑线对某一实体对象进行尺寸标注及注释，并能够设置引线标注格式。

2．命令的输入方式

（1）命令　Qleader

（2）下拉菜单　标注（N）→引线（E）

（3）工具条　在"标注"工具条中，单击"快速引线"图标按钮。

系统提示如下。

指定第一个引线点或［设置(S)]〈设置〉：（输入选择项。）

3．选择项说明

（1）指定第一个引线点　确定引出线的第一点。当直接确定引线第一点后，后续提示如下。

指定下一点：（确定引线的下一点。）

指定下一点：（结束画引线。）

指定文字宽度〈当前值〉：（输入文本的宽度。）

输入注释文字的第一行〈多行文字(M)〉：（输入尺寸文本及注释。）

（2）设置（S）　设置引线标注格式，为默认选项，直接按回车后，弹出"引线设置"对话框，如图 7-18 所示。在该对话框中，有"注释"、"引线和箭头"及"附着"三个选项卡。

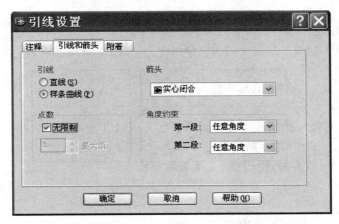

图 7-18　"引线设置"对话框

## 八、快速尺寸标注

1．功能

用于快速尺寸标注，可以快速地创建一系列标注。特别适合完成一系列基线或连续标注，或者完成一系列圆或圆弧的标注。

2．命令的输入方式

（1）命令　Qdim

（2）下拉菜单　标注（N）→快速标注（Q）

（3）工具条　在"标注"工具条中，单击"快速标注"图标按钮。

系统提示如下。

关联标注优先级 ＝ 端点
选择要标注的几何图形：（选择要标注尺寸的几何体。）
选择要标注的几何图形：（结束要标注尺寸的几何体选择。）
指定尺寸线位置或［连续(C)/并列(S)/基线(B)/坐标(O)/半径(R)/直径(D)/基准点(P)/编辑(E)/设置(T)］〈半径〉：（输入选择项。）

## 九、尺寸关联

尺寸关联是指标注尺寸与被标注的实体对象有关联关系。其含义为：如果标注的尺寸值是按自动测量值标注，且尺寸标注是按尺寸标注关联模式标注的，那么改变被标注的实体对象大小后，相应的标注尺寸也发生改变，即尺寸界线、尺寸线的位置改变到相应新位置，尺寸值也改变成新测量值。反之，改变尺寸界线起始点的位置，尺寸值也会发生相应的变化。

可以用尺寸变量 DIMASSOC 设置所标注的尺寸是否为关联标注，可以将非关联的尺寸标注修改成关联形式，还可以查看尺寸标注是否为关联标注。

## 十、尺寸标注编辑

对已存在的尺寸的组成要素进行局部修改，使之更符合有关规定。

### （一）修改尺寸标注文本

1. 功能
用于修改尺寸文本，即将原来文本指定为新文本。
2. 命令的输入方式
（1）命令 Ddedit
（2）下拉菜单 修改（M）→对象（O）→文字（T）→编辑（E）…
系统提示如下。
选择注释对象或 ［放弃(U)］：（输入选择项。）
3. 选择项说明
（1）选择注释对象 拾取尺寸文本对象。当完成尺寸文本的拾取并按回车后，在弹出的"文字格式"窗口中，可以输入新的尺寸文本。
（2）放弃（U） 放弃最近一次的文本编辑操作。

### （二）编辑标注

1. 功能
编辑已标注尺寸的标注文字内容和放置位置。
2. 命令的输入方式
（1）命令 Dimedit
（2）下拉菜单 标注（N）→对齐文字（X）→光标菜单
（3）工具条 在"标注"工具条中，单击"编辑标注"图标按钮 。

### （三）调整标注文本位置

1. 功能
用于对标注文本位置的调整。
2. 命令的输入方式
命令 Dimtedit
下拉菜单 标注（N）→对齐文字（X）→光标菜单
工具条 在"标注"工具条中，单击"编辑标注文字"图标按钮 。

#### （四）标注更新

将已有的标注由当前样式转换成另一种标注样式。设置目标样式，单击标注工具栏右侧的下拉列表，选择将采用的标注样式，如图 7-19 所示。

图 7-19　标注更新

#### （五）分解尺寸组成实体

利用"分解"命令可以分解尺寸组成实体，将其分解为文本、箭头、尺寸线等多个实体。

#### （六）用"特性"对话框修改已标注的尺寸

① 双击所标注的尺寸，可以直接跳出"特性"对话框。

② 先打开"特性"对话框，再对选择的尺寸标注进行样式及属性修改。

【例】 如图 7-20 所示。

① 设置不同图层绘制好图样。

② 设好长仿宋体字和数字的文字样式。

③ 用单行文字书写文字。

④ 设好尺寸标注样式。

⑤ 先用线性标注接着用连续标注尺寸。

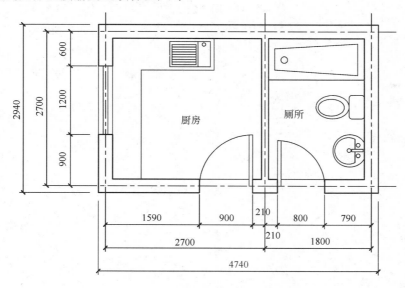

图 7-20　例图

## 复习思考题

1. 用 Dtext 命令和 Mtext 命令标注的文本有何区别？

2. 创建"文字样式"的用途是什么？

3．有哪些输入特殊字符的方法？

4．要改变单行文本的字体类型或字高，应如何操作？

5．在尺寸标注中，尺寸由哪几部分组成？

6．如何设置"标注样式"？

7．在尺寸标注中，有哪几种常见的类型，各有什么特点？

8．尺寸标注编辑有何意义？

9．绘制图 7-21 所示图形。

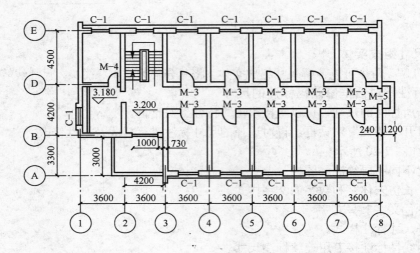

图 7-21

# 第八章
## 城市规划设计图的专题练习

# 第一节　城市规划设计图的基本知识

## 一、城市规划图

城市规划图纸主要包括现状图、规划图和分析图三类。城市规划的现状图应是记录规划工作起始的城市状态的图纸，并应包括城市用地现状图与各专项现状图。城市规划的规划图应是反映规划意图和城市规划各阶段规划状态的图纸。分析图的制图没有特定的要求，应完整、清晰、美观。绘制不同类型规划的现状图和规划图在不影响内容识别的前提下，可合并绘制。城市规划图纸的数量应根据规划对象的特点、规划内容实际情况、规划工作需要表达的内容决定。规划图的数量应按照有关规定执行。

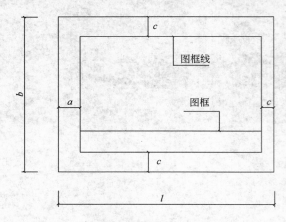

图 8-1　规格幅面图纸的尺寸示意

## 二、城市规划图纸绘制一般要求

城市总体规划图应有图题、图界、指北针、风向玫瑰、比例、比例尺、规划期限、图例、署名、编制日期、图标等内容。

### 1．图幅规格

城市规划图的图幅规格可分规格幅面的规划图和特型幅面的规划图两类。直接使用 0 号、1 号、2 号、3 号、4 号规格幅面绘制的图纸为规格幅面图纸（参见图 8-1、表 8-1）；不直接使用 0 号、1 号、2 号、3 号、4 号规格幅面绘制的规划图为特型幅面图纸。用于晒制蓝图的宜用规格图幅。

表 8-1　规格图幅　　　　　　　　　　　　　　　　　　单位：mm

| 基 本 幅 面 | 0 号 | 1 号 | 2 号 | 3 号 | 4 号 |
|---|---|---|---|---|---|
| $b×l$ | 841×1189 | 594×841 | 420×594 | 297×420 | 210×297 |
| $c$ | 10 | | | 5 | |
| $a$ | 25 | | | | |

特型图幅的城市规划图尺寸不作规定，宜有一对边长与规格图纸的边长一致。同一规划项目的图纸规格宜一致。

### 2．图题与规划期限

图题是各类城市规划图纸应书写的图题。内容包括项目名称（主题）和图名（副题）。副题的字号宜小于主题的字号。图题宜横写，其位置应选在图纸上方正中、左上侧或右上侧；不应放在图纸内容的中间或图纸内容的下方，不应遮盖图纸中现状与规划的实质内容。

规划图应标注规划期限，规划期限应与规划文本中的期限一致。规划期限标注规划期起始年份至规划期末年份并应用公元表示。规划期限标注在副题的右侧或下方。

现状图只标注现状年份，不标注规划期。现状年份也应标注在副题的右侧或下方。

### 3．图界

图界是城市规划图的幅面内应涵盖的用地范围。所有城市规划的现状图和规划图，都应涵盖规划用地的全部范围、周邻用地的直接关联范围和该城市规划图按规定应包含的规划内容的范围。

城市总体规划图的图界，应包括城市总体规划用地的全部范围，可做到城市规划区的全部范围。城市详细规划图的图界，应至少包括规划用地及其以外50m内相邻地块的用地范围。

当用一副图完整地标出全部规划图图界内的内容有困难时，可绘制一张缩小比例的规划用地关系图，然后再将规划用地的自然分片、行政分片或规划分片按各自相对完整的要求，分别绘制在放大的分片图内。

4．指北针与风向玫瑰

城市总体规划的规划图和现状图，应标绘指北针和风向玫瑰图。城市详细规划图可不标绘风向玫瑰。指北针与风向玫瑰的位置应在图幅图区内的上方左侧或右侧。指北针可以与风向玫瑰组合一起标绘（图8-2）。

风向玫瑰应以细实线绘制风频玫瑰图，以细虚线绘制污染系数玫瑰图。风频玫瑰图与污染系数玫瑰图应重叠绘制在一起。

5．比例、比例尺

城市规划图，除与尺度无关的规划图以外，必须在图上标绘出表示图纸上单位长度与地形实际单位长度比例关系的比例与比例尺。比例尺的标绘位置可在风向玫瑰图的下方或图例下方。

城市规划图上标注的比例应是图纸上单位长度与地形实际单位长度的比例关系。比例的绘制，应用阿拉伯数字表示。城市规划图经缩小或放大后使用的，应将比例数调整为图纸缩小或放大后的实际比例数值或加绘形象比例尺。形象比例尺应按图8-3所示绘制。

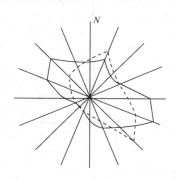

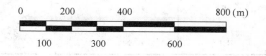

图8-2　结合风向玫瑰图绘制的指北针

图8-3　形象比例尺图示

6．图例

城市规划图均应标绘有图例。图例由图形（线条或色块）与文字组成，文字是对图形的注释。用地图例表示地块的使用性质；规划要素图例表示城市现状、规划要素与规划内容。

城市规划图中用地图例的选用和绘制应符合表8-2彩色用地图例和表8-3单色用地图例的规定，用地图例按用地类别分为十类，对应于现行国家标准《城市用地分类与规划建设用地标准》GBJ 137中的大类。中类、小类彩色用地图例可在大类主色调内选色，在大类主色调内选择有困难时可在相应的大类图式中加绘圆圈，并在圆圈内加注用地类别代号。中类、小类单色用地图例也可在相应的大类图式中加绘圆圈，并在圆圈内加注用地类别代号。

绘制城市规划图应使用规范的图例、其他专业标准规定的图例或自行增加的图例，在同一项目中应统一。

表 8-2  彩色用地图例

| 代　号 | 颜　　色 | 颜色名称 | 说　明 |
|---|---|---|---|
| R | Y100<br>M80 | 中铬黄 | 居住用地 |
| C | Y80<br>M100 | 大红 | 公共设施用地 |
| M | Y100<br>M60<br>C20<br>BL35 | 熟褐 | 工业用地 |
| W | Y100<br>C80 | 紫 | 仓储用地 |
| T | BL40 | 中灰 | 对外交通用地 |
| S | Y100<br>M60<br>C20<br>BL35 | 白 | 道路广场用地 |
| U | Y30<br>M70<br>C30 | 赭石 | 市政设施用地 |
| G | Y40<br>C40 | 中草绿 | 绿地 |
| D | C50<br>M10<br>Y40<br>BL30 | 草绿 | 特殊用地 |
| E | Y30<br>M70 | 淡绿 | 其他用地 |
| E1 | C30 | 淡蓝 | 水域 |

注：表中颜色一栏里所写的 Y 代表黄色，M 代表红色，C 代表青色，BL 代表黑色；数字代表色彩浓度（%）值，制图软件 Photoshop 中可查到。

表 8-3  单色用地图例

| 代　号 | 图　式 | 说　　明 |
|---|---|---|
| R | | 居住用地<br>$b/4+@b$ 为粗，@为间距由绘者自定(下同) |
| C | | 公共设施用地<br>$(b/2+2@)+(b+2@)$ |
| M | | 工业用地<br>$(b/4+2@)×(b/4+2@)$ |
| W | | 仓储用地<br>$(b+2@)×(b/4+2@)$ |

续表

| 代　号 | 图　式 | 说　明 |
|---|---|---|
| T | 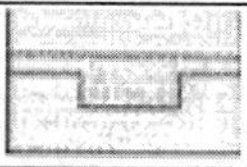 | 对外交通用地<br>$b/2$ |
| S | 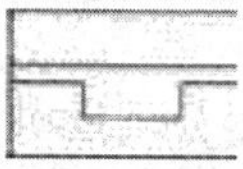 | 道路广场用地<br>$b/2$ |
| U | 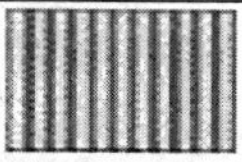 | 市政公用设施用地<br>$b+2@$ |
| G |  | 绿地<br>小原点 $2@\times2@$ 错位 |
| D | 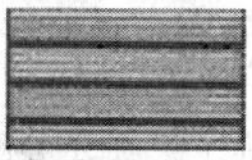 | 特殊用地<br>$(@+b/4)+(@+b/4)+(@+b/4)+(@+b)+\cdots\cdots$ |
| E | | 水域和其他用地<br>$(2@+b/2)+(2@+b/2)$ 短画长度自定,错位,符号错位 |

城市规划图中规划要素图例见附录附件。

7. 地形图

城市规划使用的地形图,应能看出原有地形、地貌、地物等地形要素。使用有地形底纹的图纸绘制城市规划图时,地形底纹的色度要浅、淡;不同的规划图,可根据需要对地形图中的地形要素做必要的删减。

8. 定位

城市规划图的定位应包括规划要素的平面定位、竖向定位。

城市规划图平面定位是对规划要素平面图上的坐标定位,坐标应采用北京坐标系或西安坐标系定位,不宜采用城市独立坐标系定位。在个别地方使用坐标定位有困难时,可以采用与固定点相对位置定位(矢量定位、向量定位等)。

城市规图的竖向定位应采用黄海高程系海拔数值定位。不得单独使用相对高差进行竖向定位。

## 三、规划用地要素

绘制城市规划图纸要熟悉各城市用地要素。依据《城市用地分类与规划建设用地标准》,城市用地分类采用大写英文字母和数字结合的代号,并采用大类、中类、小类三个层次的分类体系,共分 10 大类、46 中类、73 小类。在城市总体规划层面,城市用地分类一般采用大类,其用地代码采用大写英文字母。部分用地类型如公共设施用地可分到中类,其用地代码采用大写英文字母加数字,如表 8-4 所示。

## 四、城市规划图纸特点

城市规划图是完成规划编制任务的主要成果之一。规划图纸所显示的区域面积较大,常用小比例绘制,而各项规划意图、城市布局及指导思想必须准确、直观、形象、简练地表达在图纸上。在绘制城市规划图时,要把规划内容包括的各种项目(如工业、仓库、居住、绿化等用地、道路、广场、车站、港口等位置,以及给水、排水、电力、电信等工程管线)用最简单、最明显的符号或不同的颜色表达在图纸上。这就要求要正确地选择和使用规划图例。

表 8-4　城市用地分类和代号

| 类别代号 | | 类别名称 | 范　围 |
|---|---|---|---|
| 大类 | 中类 | | |
| R | | | 居住小区、居住街坊、居住组团和单位生活区等各种类型的成片或零星的用地 |
| | R1 | 一类居住用地 | 市政公用设施齐全、布局完整、环境良好、以低层住宅为主的用地 |
| | R2 | 二类居住用地 | 市政公用设施齐全、布局完整、环境较好，以多、中、高层住宅为主的用地 |
| | R3 | 三类居住用地 | 市政公用设施比较齐全、布局不完整、环境一般，或住宅与工业等用地有混合交叉的用地 |
| | R4 | 四类居住用地 | 以简陋住宅为主的用地 |
| C | | 公共设施用地 | 居住区及居住区级以上的行政、经济、文化、教育、卫生、体育以及科研设计等机构和设施的用地，不包括居住用地中的公共服务设施用地 |
| | C1 | 行政办公用地 | 行政、党派和团体等机构用地 |
| | C2 | 商业金融业用地 | 商业、金融业、服务业、旅馆业和市场等用地 |
| | C3 | 文化娱乐用地 | 新闻出版、文化艺术团体、广播电视、图书展览、游乐等设施用地 |
| | C4 | 体育用地 | 体育场馆和体育训练基地等用地，不包括学校等单位内的体育用地 |
| | C5 | 医疗卫生用地 | 医疗、保健、卫生、防疫、康复和急救设施等用地 |
| | C6 | 教育科研设计用地 | 高等院校、中等专业学校、科学研究和勘测设计机构等用地，不包括中学、小学和幼托用地，该用地应归入居住用地（R） |
| | C7 | 文物古迹用地 | 具有保护价值的古遗址、古墓葬、古建筑、革命遗址等用地，不包括已作其他用途的文物古迹用地，该用地应分别归入相应的用地类别 |
| | C9 | 其他公共设施用地 | 除以上之外的公共设施用地，如宗教活动场所、社会福利院等用地 |
| M | | 工业用地 | 工矿企业的生产车间、库房及其附属设施等用地。包括专用的铁路、码头和道路等用地。不包括露天矿用地，该用地应归入水域和其他用地（E） |
| | M1 | 一类工业用地 | 对居住和公共设施等环境基本无干扰和污染的工业用地，如电子工业、缝纫工业、工艺品制造工业等用地 |
| | M2 | 二类工业用地 | 对居住和公共设施等环境有一定干扰和污染的工业用地，如食品工业、医药制造工业、纺织工业等用地 |
| | M3 | 三类工业用地 | 对居住和公共设施等教育环境有严重干扰和污染的工业用地，如采掘工业、冶金工业、大中型机械制造工业、化学工业、造纸工业、制革工业、建材工业等用地 |
| W | | 仓储用地 | 仓储企业的库房、堆场和包装加工车间及其附属设施等用地 |
| | W1 | 普通仓库用地 | 以库房建筑为主的储存一般货物的普通仓库用地 |
| | W2 | 危险品仓库用地 | 存放易燃、易爆和剧毒等危险品的专用仓库用地 |
| | W3 | 堆场用地 | 露天堆放货物为主的仓库用地 |
| T | T1 | 铁路用地 | 铁路站场和线路等用地 |
| | T2 | 公路用地 | 高速公路和一、二、三级公路线路及长途客运站等用地，不包括村镇公路用地，该用地应归入水域和其他用地（E） |
| | T3 | 管道运输用地 | 运输煤碳、石油和天然气等地面管道运输用地 |
| | T4 | 港口用地 | 海港和河港的陆域部分，包括码头作业区、辅助生产区和客运站等 |
| | T5 | 机场用地 | 民用及军民合用的机场用地，包括飞行区、航站区等用地，不包括净空控制范围用地 |
| S | | 道路广场用地 | 市级、区级和居住区级的道路、广场和停车场等用地 |
| | S1 | 道路用地 | 主干路、次干路和支路用地，包括其交叉路口用地，不包括居住用地、工业用地等内部的道路用地 |
| | S2 | 广场用地 | 公共活动广场用地，不包括单位内的广场用地 |
| | S3 | 社会停车场库用地 | 公共使用的停车场和停车库用地，不包括其他各类用地配建的停车场库用地 |

续表

| 类别代号 | | 类别名称 | 范围 |
|---|---|---|---|
| 大类 | 中类 | | |
| U | | 市政公用设施用地 | 市级、区级和居住区级的市政公用设施用地,包括其建筑物、构筑物及管理维修设施等用地 |
| | U1 | 供应设施用地 | 供水、供电、供燃气和供热等设施用地 |
| | U2 | 交通设施用地 | 公共交通和货运交通等设施用地 |
| | U3 | 邮电设施用地 | 邮政、电信和电话等设施用地 |
| | U4 | 环境卫生设施用地 | 环境卫生设施用地 |
| | U5 | 施工与维修设施用地 | 房屋建筑、设备安装、市政工程、绿化和地下构筑物等施工及养护维修设施等用地 |
| | U6 | 殡葬设施用地 | 殡仪馆、火葬场、骨灰存放处和墓地等设施用地 |
| U | U7 | 其他市政公用地 | 除以上之外的市政公用设施用地,如消防、防洪等设施用地 |
| G | | 绿地 | 市级、区级和居住区级的公共绿地及生产防护绿地,不包括专用绿地、园地和林地 |
| | G1 | 公共绿地 | 向公众开放,有一定游憩设施的绿化用地,包括其范围内的水域 |
| | G2 | 生产防护绿地 | 园林生产绿地和防护绿地 |
| D | | 特殊用地 | 特殊性质的用地 |
| | D1 | 军事用地 | 直接用于军事目的军事设施用地,如指挥机关、营区、训练场、试验场、军用机场、港口、码头、军用洞库、仓库、军用通信、侦察、导航、观测台站等用地,不包括部队家属生活区等用地 |
| | D2 | 外事用地 | 外国驻华使馆、领事馆及其生活设施等用地 |
| | D3 | 保安用地 | 监狱、拘留所、劳动场所和安全保卫部门等用地,不包括公安局和公安分局,该用地应归入公共设施用地(C) |
| E | | 水域和其他用地 | 除以上各大类用地之外的用地 |
| | E1 | 水域 | 江、河、湖、海、水库、苇地、滩涂和渠道等水域,不包括公共绿地及单位内的水域 |
| | E2 | 耕地 | 种植各种农作物的土地 |
| | E3 | 园地 | 果园、桑园、茶园、橡胶园等园地 |
| | E4 | 林地 | 生长乔木、竹类、灌木、沿海红树林等林木的土地 |
| | E5 | 牧草地 | 生长各种牧草的土地 |
| | E6 | 村镇建设用地 | 集镇、村庄等农村居住点生产和生活的各类建设用地 |
| | E7 | 弃置地 | 由于各种原因未使用或尚不能使用的土地,如裸岩、石砾地、陡坡地、塌陷地、盐碱地、沙荒地、沼泽地、废窑坑等 |
| | E8 | 露天矿用地 | 各种矿藏的露天开采用地 |

# 第二节　城市总体规划图的绘制

　　本节将以某城市总体规划图纸为例讲解利用 AutoCAD 2006 绘制城镇总体规划图的方法,主要讲述土地利用总体规划图的绘制方法和过程。

　　总体规划图纸包括:市(县)域城镇布局现状图、城市现状图、用地评定图、市(县)域城镇体系规划图、城市总体规划总图、道路交通规划图、各项专业规划图及近期建设规划图。图纸比例:大、中城市为 1:25000~1:10000,小城市为 1:10000~1:5000,其中建制镇为 1:5000;市(县)域城镇体系规划图的比例由编制部门根据实际需要确定。其中土地利用总体规划图主要表现规划建设用地范围内的各项规划内容。

城市总体规划总图是城市总体规划的图纸成果中最重要的一张图纸，它表现规划建设用地范围内的各项规划内容，体现规划建设用地范围内主要道路网结构和用地布局，也是绘制各类专项规划图的基础。

图 8-4　某城市土地利用总体规划图

本节以图 8-4 所示的某城市土地利用总体规划图为例，详细讲述土地利用总体规划图的绘制过程。本实例涉及的命令主要有：直线、多段线的绘制和编辑、偏移、复制、填充等。绘制内容及过程如下。

- 文件新建、地形图导入。
- 地形地物要素描绘。
- 绘制路网。
- 绘制各类用地。
- 用地汇总统计。
- 用地色块填充。
- 标注地块用地性质。
- 绘制图例、图表、比例尺和风向玫瑰、指北针。

1. 文件新建、地形图导入

① 使用下拉菜单"文件"→"新建"，或快捷键"Ctrl+N"，弹出"选择样板"对话框后选择合适的样板（或模板），或在对话框右下角"打开"右侧单击"▾"按钮，在弹出的下拉列表中选择"无样板打开-公制（M）"，如图 8-5 所示。

② 图层配置。单击"图层"工具栏中的图层管理器按钮 ▧，弹出"图层特性管理器"对话框，可依绘图需要创建新图层，对原图层进行修改。表 8-5 列出了一种可供参考的规划总图图层命名方案。

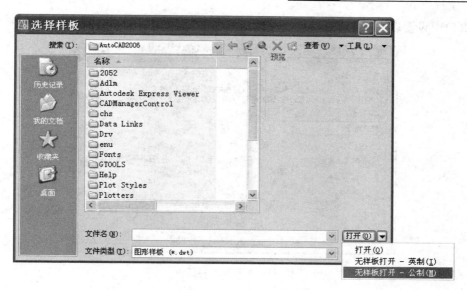

图 8-5　选择样板对话框

**表 8-5　土地利用总体规划图图层名称列表**

| 图层名称 | 图层名称解释 | 图 层 名 称 | 图层名称解释 |
|---|---|---|---|
| 0-DX | 地形 | H-R | 居住用地填充 |
| 0-HILL | 山体 | H-C | 公共设施用地填充 |
| 0-RIVER | 河流 | H-W | 工业用地填充 |
| 0-RANGE | 规划用地范围 | H-M | 仓储用地填充 |
| ROAD-ZXX | 道路中心线 | H-T | 对外交通用地填充 |
| ROAD | 道路 | H-S | 道路广场用地填充 |
| DK-FGX | 地块分割线 | H-U | 市政公用设施用地填充 |
| BO-R | 居住用地 | H-G | 绿地填充 |
| BO-C | 公共设施用地 | H-D | 特殊用地填充 |
| BO-M | 工业用地 | H-E | 水域和其他用地填充 |
| BO-W | 仓储用地 | TB | 图表 |
| BO-T | 对外交通用地 | TL | 图例 |
| BO-S | 道路广场用地 | TXT | 文字标注 |
| BO-U | 市政公用设施用地 | BLC | 比例尺 |
| BO-G | 绿地 | TK | 图框 |
| BO-D | 特殊用地 | | |
| BO-E | 水域和其他用地 | | |

③ 地形图导入。地形图可分为矢量地形图和光栅地形图。地形图导入前选择"0-DX"图层作为当前图层。

导入矢量地形图可以直接使用 Insert 命令,以坐标(0,0)为插入点,X、Y、Z 三维度上的缩放比例采用缺省值 1,勾选"分解"复选框,将地形图文件插入到当前文件中。

光栅地形图可使用下拉菜单"插入"→"光栅图像",在弹出的"选择图像"对话框中,选择需要导入的地形图文件,点击"打开"按钮,将出现"图像"对话框,如图 8-6 所示,输入指定插入点、缩放比例或旋转角度,或者勾选"在屏幕上指定"复选框,以便使用鼠标在图形窗口中设置以上参数。

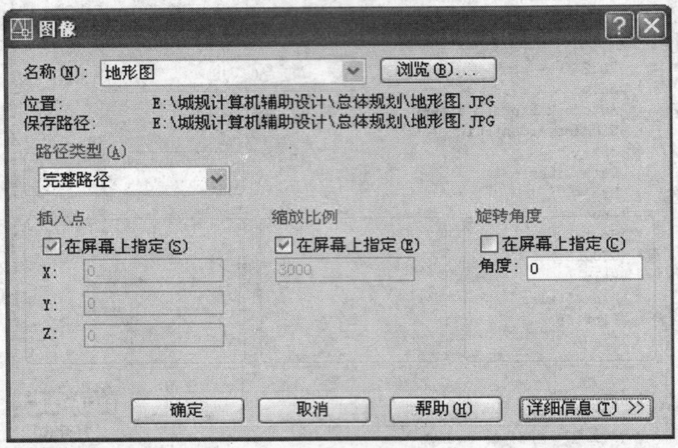

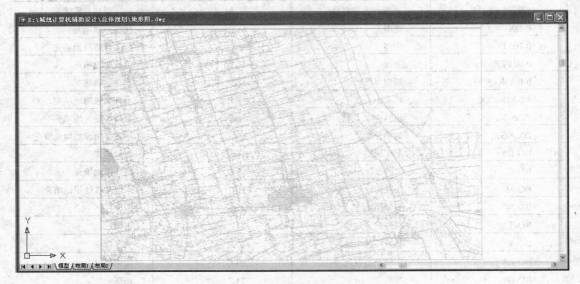

图 8-6 "图像"对话框

光栅地形图通常是由纸质图扫描得到的，引入到 CAD 中后，比例尺会有偏差。为了以后使用方便，应使用 Scale 命令缩放地形图，以达到 CAD 一个单位长度为实际 1m 的长度。

完成以上操作后的地形图如图 8-7 所示。

图 8-7 完成地形图导入后的文件

2. 地形地物要素描绘

① 在 "0-HILL" 和 "0-RIVER" 图层中分别对山体等高线、河流线进行导入或者勾绘操作。如果前一步引入的地形图是光栅地形图，这里勾绘各要素时通常选用多段线命令。

② 在 "0-RANGE" 图层中使用 "Pline" 命令勾绘规划范围线。该要素线型特性的修改可以使用下拉菜单 "修改" → "特性" 打开 "特性" 窗口（或选项面板或双击该多段线），并在该窗口的 "线型" 选项中选择合适的线型，"线型比例"、"全局宽度" 选项中设置合适的值（如图 8-8 所示）。若需要有更多的线型选择范围，可在命令行键入 "lt"（Linetype），在弹出的 "线型管理器" 对话框中（如图 8-9 所示）点击 "加载" 按钮，在跳出的 "加载或重载

线型"对话框中选择合适的线型后按"确定"按钮。

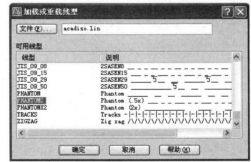

图 8-8 "特性"窗口　　　　　图 8-9 "线型管理器"对话框

③ 在"0-RANGE" 图层中制作或按地形图导入的方法导入风向玫瑰、指北针和比例尺。结果如图 8-10 所示

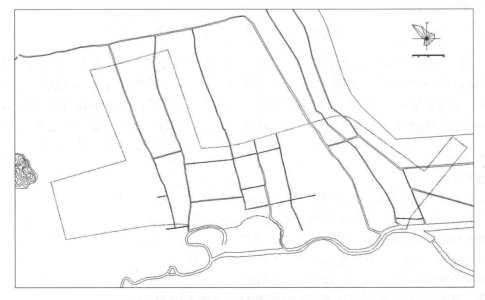

图 8-10 完成地形地物要素规划范围等的描绘后的规划图

### 3．绘制路网

路网的绘制主要有偏移绘制法和多线绘制法两种方法。当路网比较规整、交叉口较多时，路网的绘制宜采用多线绘制法；当路网中曲线道路较多时，建议采用偏移绘制法；熟练者两种方法可结合使用。偏移绘制法就是先绘制出道路中心线，然后使用"Offset"命令得到道路边界。此方法的优点是在绘制转弯道路时比较方便，缺点是交叉口绘制没有多线绘制法方便。多线绘制法，也是先绘制道路中心线，然后再用多线绘制道路边线，该方法在交叉口绘制时有优势，但是在道路转弯的时候绘制比较麻烦。本例选择偏移绘制法来绘制路网。

① 将"ROAD-ZXX"图层置为当前图层，使用"Pline"（缩写"pl"）命令绘制道路中心线。在绘制道路中心线时若遇到曲线路段，可以使用"圆弧"选项。为使曲线路段和直线路段连接顺畅可先画曲线路段两头的直线段，再使用"Fill"命令来绘制某些曲线道路。绘制完成的道路中心线如图 8-11 所示。

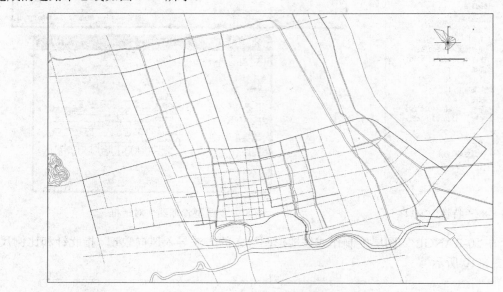

图 8-11　完成道路中心线绘制的规划图

② 将"ROAD"图层作为当前图层，键入"Offset"（缩写"o"）命令，再将偏移对象的图层选项设置为"当前"（先键入"l"，再键入"c"），设置偏移距离为道路宽度的一半（如30m 宽的道路就键入"15"），选择需要偏移的中心线，分别单击道路中心线的两侧，就得到分布中心线两侧的两条在当前图层下的偏移线。偏移操作过程的具体命令行过程如下。

命令: o

OFFSET

当前设置: 删除源=否　图层=当前　OFFSETGAPTYPE=0

指定偏移距离或 [通过(T)/删除(E)/图层(L)] <1.0000>:　1

输入偏移对象的图层选项 [当前(C)/源(S)] <当前>:　c

指定偏移距离或 [通过(T)/删除(E)/图层(L)] <1.0000>:　15

选择要偏移的对象，或 [退出(E)/放弃(U)] <退出>:

指定要偏移的那一侧上的点，或 [退出(E)/多个(M)/放弃(U)] <退出>:

选择要偏移的对象，或 [退出(E)/放弃(U)] <退出>:

指定要偏移的那一侧上的点，或 [退出(E)/多个(M)/放弃(U)] <退出>:

③ 锁定"ROAD-ZXX"图层，在"ROAD"层绘制交叉口。键入"Trim"（缩写"tr"）命令，选择交叉的道路边线，按回车键结束道路边界线的选择，键入"f"选择"栏选"选项，指定两道路边线之间的两点，这样就可完成剪掉此两道路边线之间的线段，重复使用栏选，可以提高修剪效率（具体命令行过程如下）。使用栏选项修剪道路交叉口前后的对比可见图8-12 所示。

命令: Trim

当前设置:投影=UCS，边=无

选择剪切边…

选择对象或 <全部选择>: 指定对角点: 找到 10 个

选择对象:

选择要修剪的对象，或按住 Shift 键选择要延伸的对象，或

[栏选(F)/窗交(C)/投影(P)/边(E)/删除(R)/放弃(U)]:　f

指定第一个栏选点:（拾取点 A）

指定下一个栏选点或 [放弃(U)]:　（拾取点 B）

指定下一个栏选点或 [放弃(U)]:

选择要修剪的对象，或按住 Shift 键选择要延伸的对象，或

[栏选(F)/窗交(C)/投影(P)/边(E)/删除(R)/放弃(U)]:　f

指定第一个栏选点:　（拾取点 C）

指定下一个栏选点或 [放弃(U)]:　（拾取点 D）

指定下一个栏选点或 [放弃(U)]:

选择要修剪的对象，或按住 Shift 键选择要延伸的对象，或

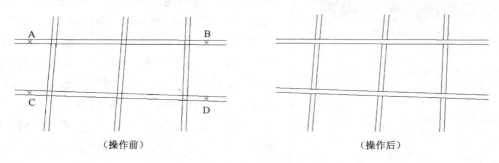

（操作前）　　　　　　　　　　（操作后）

图 8-12　使用栏选项修剪道路交叉口前后对比

④ 键入"Fillet"（缩写"f"）命令，根据道路等级和功能设置相应的圆角半径，相同圆角半径的道路可使用"多个"选项以连续多次倒圆角，依次点击需要倒圆角的相邻道路边界线。继续使用 Fillet 命令，依次完成所有倒圆角的绘制。完成以上操作后形成的最终规划总图的路网，如图 8-13 所示。

4．绘制各类用地

① 把"DK-FGX"图层设为当前图层。根据不同性质用地对地块大小的要求，在道路

分割地块的基础上，绘制地块分割线。地块分割线的绘制可采用"Line"、"Pline"等命令来绘制。绘制地块分割线时，从下一步创建面域的需要考虑，最好打开对象捕捉，形成封闭区域。

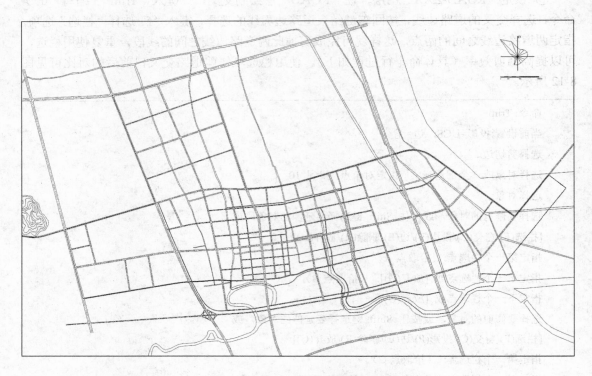

图 8-13　完成道路绘制的规划图

　　② 生成用地面域。利用"Boundary"命令在各用地边界图层上生成相应的用地面域。以

图 8-14　"边界创建"对话框

创建公共设施用地面域为例。将"BO-C"层设为当前图层，关闭除"BO-C""ROAD"、"DK-FGX"、"0-RIVER"、"0-HILL"之外的图层，键入"Boundary"（缩写"bo"）命令，在弹出的"边界创建"对话框中，将"对象类型"设置为"面域"，点击拾取点按钮，如图 8-14 所示，之后在公共设施用地地块内部任意拾取一点，形成面域后继续拾取其他公共设施用地地块内的点，或者按回车结束。重复使用"Boundary"命令直至所有该类用地地块面域创建完成，结果如图 8-15 所示。按上述方法，分别完成其他的各类用地面域的创建，完成后结果如图 8-16 所示。

5. 各类用地汇总统计

　　按建设用地的类别分别进行面积统计，以公共设施用地面域为例。先关闭除"BO-C"之外的图层，使用下拉菜单"工具"→"查询"→"面域/质量特性"激活"Massprop"命令，选择当前图（公共设施用地面域层 BO-C）中所有面域，按回车键后跳出如图 8-17 所示的窗口。窗口中面积一栏即显示了公共设施用地面域的总面积。根据此方法统计各类用地的面积，并可据此填写用地平衡表，平衡表中各类用地比例和人均建设用地指标须符合《城市用地分类与规划建设用地标准》。若未符合该标准的要求，则需要做适当的调整，并重新分类汇总统计。

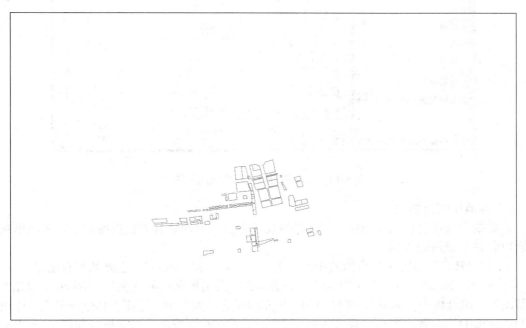

图 8-15　完成公共设施用地地块面域创建的规划图

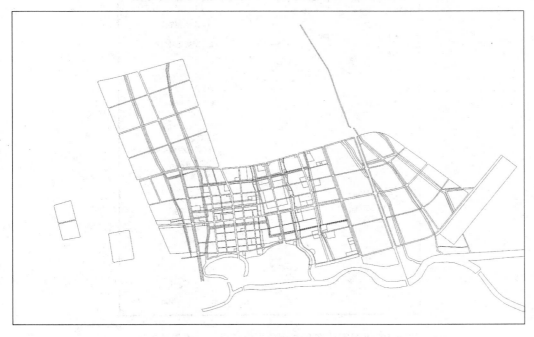

图 8-16　完成各类用地地块面域创建的规划图

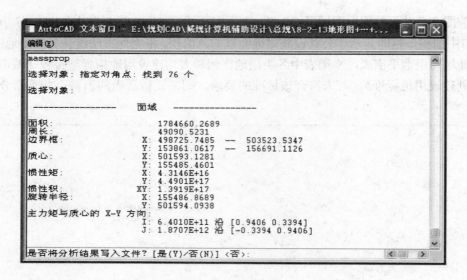

图 8-17　共设施用地地块面域面积统计

**6. 各地块颜色填充**

若前期未创建色块填充图层，则先增设相关图层，继而对各类建设用地进行色块填充，下面以公共设施用地为例。

① 将"H-C"图层设置为当前图层，关闭"H-C"和"BO-C"之外的所有图层。

② 键入"Hatch"（缩写"h"）命令，在弹出的"图案填充和渐变色"对话框中，单击"类型和图案"组合框中"图案"，在弹出的"填充图案选项板"中，选择"其他预定义"选项卡下的"SOLID"图案，单击"确定"按钮。"图案填充和渐变色"对话框，如图 8-18 所示。

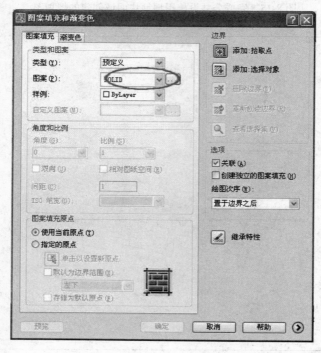

图 8-18　"图案填充和渐变色"对话框——选择填充图案

③ 在当前对话框的"类型和图案"组合框中"样例"下拉表中选择合适的颜色；"选项"组合框中"绘图次序"下拉表中选择"后置"选项，如图 8-19 所示。

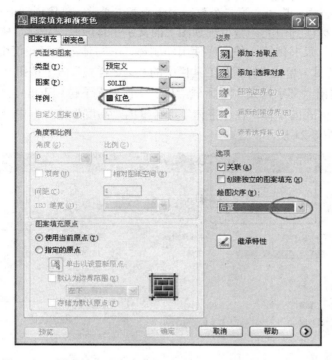

图 8-19 "图案填充和渐变色"对话框——选择颜色和绘图次序

④ 单击"边界"组合框中的"填加：选择对象"按钮，选择"BO-C"图层上的所有面域对象，按回车键结束选择并返回到"图案填充和渐变色"对话框，单击"确定"按钮，完成公共设施用地色块的填充。

⑤ 重复以上操作，完成其他各类建设用地色块的填充，得到如图 8-20 所示的填充图。

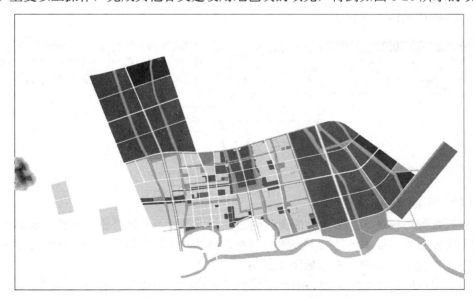

图 8-20 完成各用地色块填充的规划图

**7. 标注地块用地性质**

地块用地性质文字标注采用大写英文字母加数字的方式进行标注，大写英文字母表示用地大类，第一个数字表示中类，第二个数字表示小类。通常，总体规划地块文字标注到大类，部分用地可按需要标注到中类。城市规划图上的文字字体应易于辨认，中文应使用宋体、仿宋体、楷体、黑体、隶书体等；外文应使用印刷体、书写体；数字应使用标准体、书写体。

① 设置文字样式。单击"样式"工具栏中的"文字样式"命令按钮，或键入"Style"（缩写"st"）命令，弹出"文字样式"对话框，从"字体名"下拉列表框中选择合适的字体，如黑体作为新建文字样式的字体。在"字体"组合框的"高度"输入框中键入高度如15，单击"应用"按钮，如图8-21所示。

图 8-21　文字样式对话框

② 完成文字样式后，键入"Mtext"（缩写"t"）命令，框选适当的范围，弹出如图8-22所示的对话框，单击打开"居中"和"中央对齐"开关按钮，键入用地代码如C1，完成行政办公用地的地块标注。重复上述命令，为每一地块键入类型代码，或通过"Copy"命令进行多项复制，完成地块文字标注。

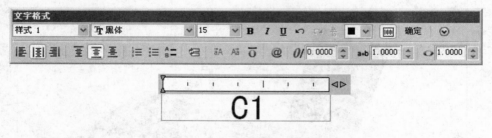

图 8-22　"文字格式"对话框

**8. 绘制图例、图表**

总体规划图例包括各类用地、需要明确的各类设施以及基础要素（河流、规划范围线）等，制作比较简单，基本包括以下步骤：制作矩形框——填充矩形框——标注文字——调整显示次序。规划总图的图例示范如图8-23所示。

土地利用总图的图框和图签一般采用规划设计院提供的模板。有时为美观起见，图框等要素在最后成图环节"Photoshop"软件中制作。

图 8-23　某城市土地利用总体规划图

# 第三节　详细规划图的绘制

详细规划的主要任务是：以总体规划或者分区规划为依据，详细规划建设用地的各面控制指标和其他规划管理要求，或者直接对建设作出具体的安排和规划设计。详细规划分为控制性详细规划和修建性详细规划。本书侧重介绍修建性详细规划图纸的绘制。

## 一、控制性详细规划

控制性详细规划图纸包括：规划地区现状图纸、控制性详细规划图纸。图纸比例为 1：2000～1：1000。控制性详细规划图纸的内容要求如下。

1．区域位置图

图纸比例不限。

2．用地现状图

图纸比例为 1：2000～1：1000，分类画出各类用地范围（分至小类），标绘建筑物现状、人口分布现状，市政公用设施现状，必要时分别绘制。

3．土地使用规划图

图纸比例同现状图，画出规划各类使用性质用地的范围。

4．地块划分编号图

图纸比例 1：5000，标明地块划分界线及编号（和本文中控制指标相对应）。

5．控制指标规划图（地块控制总图图则）

图纸比例为 1：2000～1：1000，图纸标绘以下内容：

① 规划各地块的界线，标注主要指标；

② 规划保留建筑；

③ 公共设施位置；

④ 道路（包括主、次干道、支路）走向、线型、断面，主要控制点坐标、标高；

⑤ 停车场和其他交通设施用地界线。

必要时④、⑤两项可单独绘制。

6. 各项工程管线规划图

标绘各类工程管网平面位置、管径、控制点坐标和标高。

7. 分图则（地块控制分图则）

针对每个街坊，在 A3 图纸上编制规划控制分图，对地块控制、市政控制及城市设计导则的各个内容予以表达。

## 二、修建性详细规划

### （一）修建性详细规划图纸

修建性详细规划图纸包括：规划地区现状图、规划总平面图、各项专业规划图、竖向规划图、反映规划设计意图的透视图。图纸比例为 1：2000～1：500。修建性详细规划图纸内容要求如下。

① 规划地段位置图标明规划地段在城市的位置以及和周围地区的关系。

② 规划地段现状图。图纸比例为 1/500～1/2000，标明自然地形地貌、道路、绿化、工程管线及各类用地建筑的范围、性质、层数、质量等。

③ 规划总平面图。比例尺同上，图上应标明规划建筑、绿地、道路、广场、停车场、河湖水面的位置和范围。

④ 道路交通规划图。比例尺同上，图上应标明道路的红线位置、横断面，道路交叉点坐标、标高、停车场用地界线。

⑤ 竖向规划图。比例尺同上，图上标明道路交叉点、变坡点控制高程，室外地坪规划标高。

⑥ 单项或综合工程管网规划图。比例尺同上，图上应标明各类市政公用设施管线的平面位置、管径、主要控制点标高，以及有关设施和构筑物位置。

⑦ 表达规划设计意图的模型或鸟瞰图。

### （二）某居住小区修建性详细规划总平面图的绘制

以图 8-6 所示的某居住小区修建性详细规划总平面图为例，详细讲述修建性详细规划总平面图的绘制过程。本实例涉及的命令主要有：直线、多段线的绘制和编辑、偏移、复制等。绘制过程如下。

- 绘制任务书提供的基地平面图及周边环境。
- 建筑平面、层数、定位。
- 道路、出入口及停车场地的绘制。
- 小区总体环境景观和绿化系统的绘制。
- 各类运动设施和场地的绘制。
- 空间小景观的深入绘制。
- 后期完善。

1. 绘制任务书提供的基地平面图及周边环境

① 启动 Auto CAD 2006 软件，用"图层"命令，新建一个"基地"图层，颜色为绿色，其他按默认值，并将其作为当前图层。

② 在 CAD "基地"图层中绘制任务书提供的基地平面图及周边环境，如图 8-24 所示。也可参见甲方提供的"基地平面图.dwg"文件。

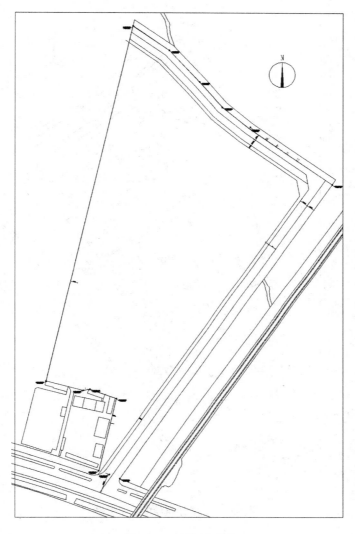

图 8-24 基地平面图

2. 建筑平面、层数、定位

① 用图层命令，新建一个图层，命名为"道路"，颜色为绿色，其他按默认值，并将其作为当前图层。用多段线及编辑、偏移、圆角等命令绘制小区内主要道路。

② 用图层命令，新建一个图层，命名为"建筑轮廓"颜色为蓝色，其他按默认值，并将其作为当前图层。

③ 根据小区规划总体设计绘制住宅建筑。住宅排布主要有行列式、周边式、点群式、混合式等几种形式。

④ 根据总体规划的要求选择户型，并根据户型的特点对规划方案进行调整，以满足居住小区规划设计总体要求。

⑤ 用"多段线"命令画出建筑平面的外轮廓。

⑥ 绘制公共服务设施平面的外轮廓线。本例中配置了会馆一座、幼儿园一个和集中在

小区东部的沿街商铺。前两者是独立设置，后者是结合电状住宅楼布置，如图 8-25 所示。

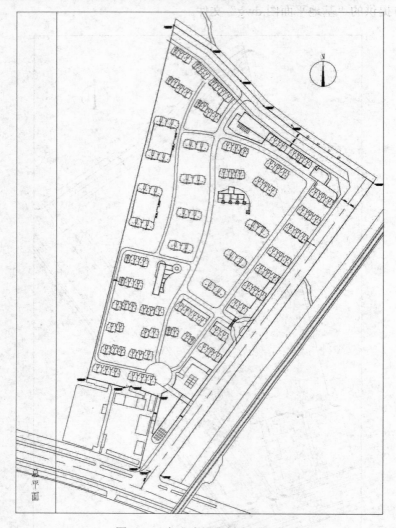

图 8-25 完成建筑绘制总平面图

3．道路、出入口及停车场地的绘制

道路包括小区级道路、组团道路和宅前道路。

小区内道路：路面宽 6～9m，建筑控制线之间的宽度，需敷设供热管线的不宜小于 14m；无供热管线的不宜小于 10m。

组团路：路面 3～5m；建筑控制线之间的宽度，采暖区不宜小于 10m；非采暖区不宜小于 8m。

宅间小路：路面宽度不宜小于 2.5m。

停车设施一般有集中或分散式停车库、集中或分散式停车场、路边分散式停车位。

① 将"道路"图层设为当前图层。在"道路"图层中用多段线及编辑、偏移、圆角等命令绘制小区内所有道路。

② 继续在 CAD "道路"图层中绘制出入口、停车场地。一般停车位可以综合使用 Array 和 Offset 命令进行绘制，添加好停车位和地下车库入口后的结果如图 8-26 所示。

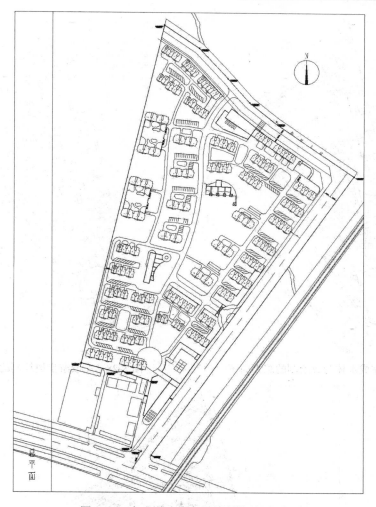

图 8-26　完成道路停车场绘制的总平面图

4．小区总体环境景观和绿化系统的绘制

小区总体环境景观和绿化系统包括小区级的中心绿化、宅旁的绿化、水面、小区主要步行景观道等。

① 用图层命令新建一个图层，命名为"水面"，颜色为深绿色，其他按默认值，并将其作为当前图层。

② 在"水面"图层中用多段线（Pline）勾绘水面的边界。如图 8-27 所示。

③ 用图层命令新建一个图层，命名为"游步道"颜色为棕色，其他按默认值，并将其作为当前图层。

④ 在 CAD"游步道"图层中用多段线（Pline）、偏移等命令绘制小区主要步行景观道，如图 8-28 所示。

⑤ 用图层命令新建一个图层，命名为"绿化"颜色为深绿色，其他按默认值，并将其作为当前图层。

⑥ 在 CAD"绿化"图层中绘制绿地，一般 CAD 图纸中草地通常留白，在后续的 Photoshop 处理中用颜色表示，灌木、乔木需要绘制，通常可以从 CAD 图库中引用。完成小区总体环境景观和绿化系统的绘制的结果如图 8-29 所示。

图 8-27　完成水体轮廓绘制的总平面图

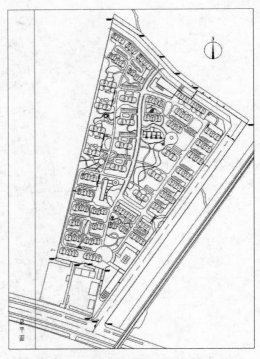

图 8-28　完成游步道绘制的总平面图

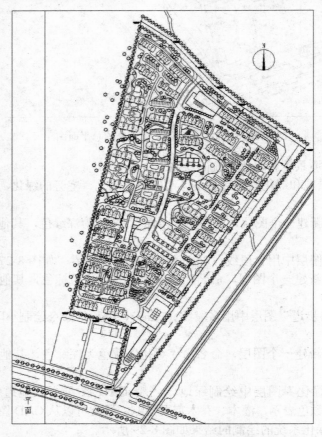

图 8-29　完成总体环境景观和绿化系统绘制的总平面图

5．各类运动设施和场地的绘制

各类运动设施和场地主要包括户外篮球场、羽毛球场、网球场、儿童活动场地等。篮球场、羽毛球、网球场的平面图可以参考图8-30。

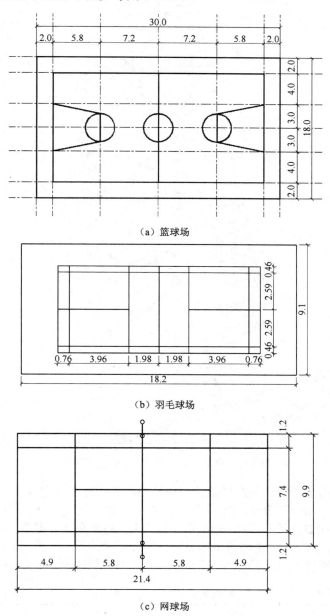

（a）篮球场

（b）羽毛球场

（c）网球场

图8-30　运动设施和场地示意图

6．空间小景观的深入绘制

接下来是对铺装地面的深入绘制以及亭、廊、花架、花池、花坛、喷泉等空间小景观的深入刻画。空间小景观的绘制是一个从总体到局部的过程，结果如图8-31所示。

7．后期完善

（1）计算技术经济指标　技术经济指标主要包括规划用地面积、建筑用地面积、总建筑面积、建筑密度、绿地率、容积率、户数、停车位等。需要在 CAD 里测算的基础指标有：

规划用地面积、基底面积、建筑面积、绿地面积等。

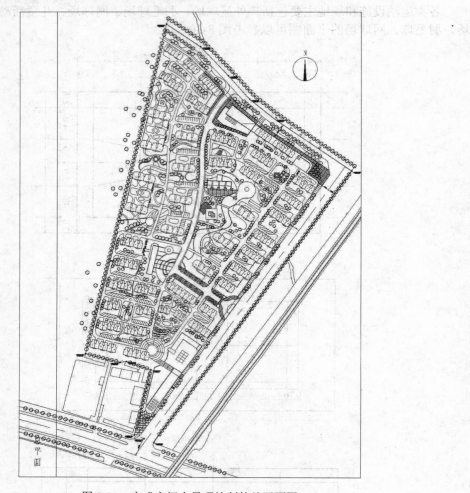

图 8-31  完成空间小景观绘制的总平面图

统计方法可采用直接统计和面域统计。统计面积前需要先确定各要素的轮廓的封闭性。直接统计通过使用"Area"命令，键入"a"以选择"加"模式，键入"o"以选择对象，可逐个累积。面域统计通过键入"Massprop"，或使用下拉菜单"工具"→"查询"→"面域/质量特征"，选择全部面域，弹出的文本窗口中将显示所有被选中面域的汇总面积。

指标统计完以表格的形式绘制在规划总平面图的合适位置，见表8-6。

表 8-6  技术经济指标

| 规划用地 | $132819.7m^2$ | 容积率 | 1.20 |
|---|---|---|---|
| 建筑用地面积 | $29013.5m^2$ | 户数 | 1612 户 |
| 总建筑面积 | $160218.8m^2$ | 居住人口 | 4836 人 |
| 建筑密度 | 21.8% | 停车位 | 1246 个 |
| 绿地率 | 30% | | |

（2）文字和标注  居住小区规划总平面图中需要标注住宅层数、幢号，部分公共建筑和公共游憩绿地的名称等。在平面定位图、竖向设计图中还应标注道路宽度、交叉口及住宅坐标和标高等。在一般示意性的总平面图中没有这方面的硬性要求。

（3）制作图例和图框 居住小区总规划总平面图的图例一般不多，当总平面图中以序号标注公共建筑的用途或功能时，这些符号及其含义需要通过图例表示。可采用 Dtext 命令或 Mtext 命令完成相关图例的绘制。当需要为某特定图形制作图例时，可使用"Copy"、"Scale"等命令完成相应图例的绘制。总平面图中的图例一般放置在图纸右下角。

居住小区规划总平面图的图名、图框和图签一般采用规划设计院提供的模板。

完成以上各个环节的操作，得到的规划总平面图如图 8-32 所示。

图 8-32 完成的某居住小区规划总平面图

# 复习思考题

1. 如图 8-33 绘制某城市某工业地块控制性详细规划用地规划图。可能使用的命令：插入块 Insert、插入光栅图像 Imageattach、缩放 Scale、多段线 Pline、直线 Line、编辑多段线 Pedit、复制 Copy、线型 Linetype、偏移 Offset、延伸 Extend、修剪 Trim、倒圆角 Fillet、阵列 Array、创建边界 Boundary、面域统计 Massprop、填充 Bhatch、多行文字 Mtext、单行文字 Dtext 等。

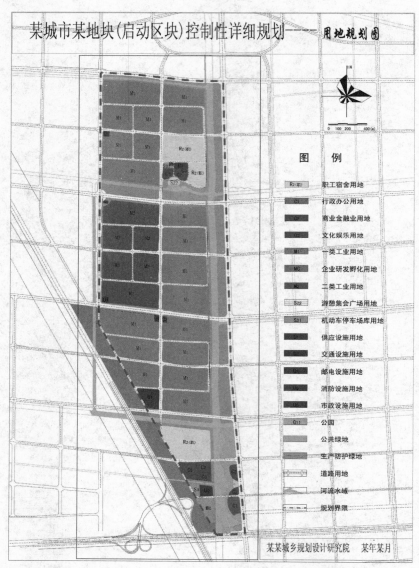

图 8-33  某城市某工业地块控制性详细规划用地规划图

2. 根据某城市某工业地块控制指标规划地块编号图、地块指标图绘制其分图（图 8-34、图 8-35）。可能使用的命令：插入块 Insert、清除 Purge、写块 Wblock、多段线 Pline、编辑多段线 Pedit、偏移 Offset、修剪 Trim、倒圆角 Fillet、复制 Copy、移动 Move、插入表格 Table、编辑表格 Tabledit、对齐标注 Dimaligned、单位 Units、插入外部参照 Xattach、剪截外部参照 Xclip、填充 Bhatch 等。

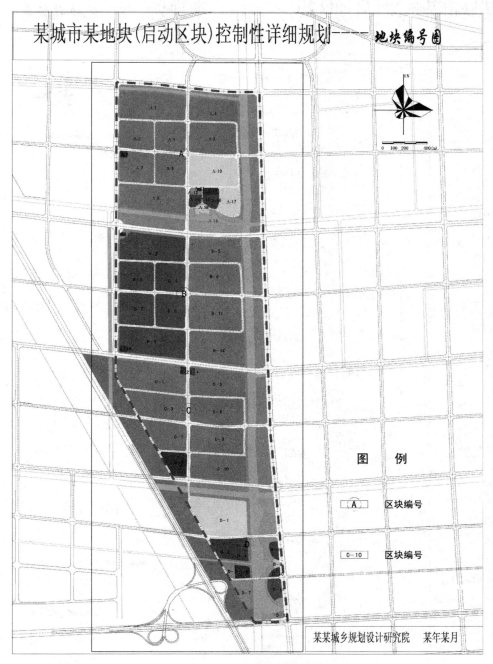

图 8-34 地块编号图

3. 打开图 8-36 练习 3-小区总平面-基地.dwg 绘制某居住小区修建性详细规划总平面图。

可能使用的命令：插入地 Insert、多段线 Pline、编辑多段线 Pedit、偏移 Offset、修剪 Trim、倒圆角 Fillet、复制 Copy、参照角 Rotate、移动 Move、定距等分 Measure、删除 Erase、面域统计 Massprop、多行文字 Mtext、单行文字 Dtext 等。

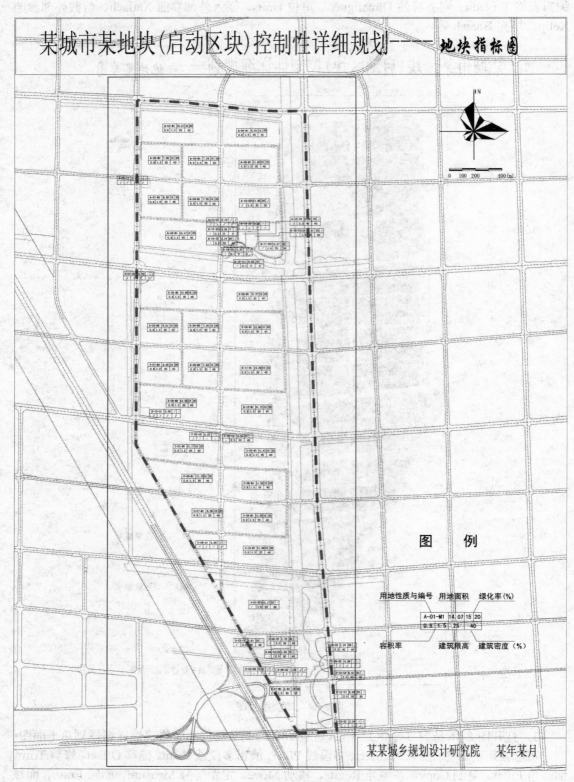

图 8-35　地块指标图

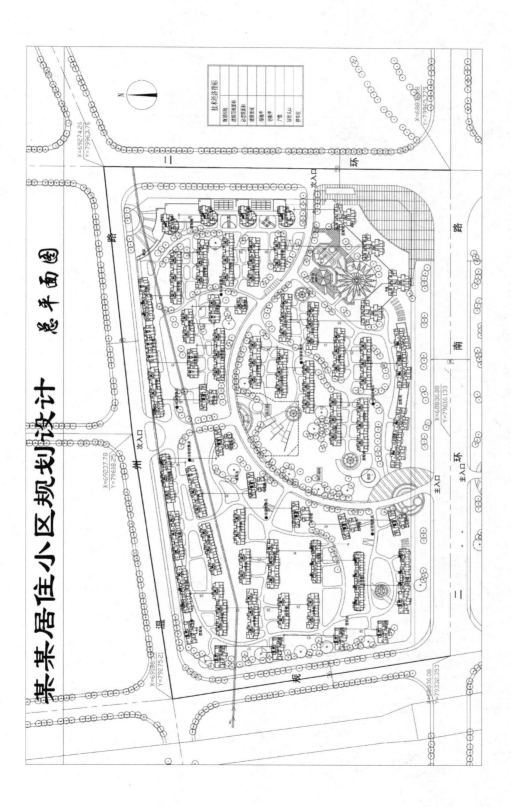

图 8-36 某小区规划总平面图

# 第九章
## 建筑施工图的专题练习

建筑施工图表达了建筑物的内外形状和大小，以及各部分的结构、构造、装饰、设备的做法和施工要求，是组织和指导施工的主要依据。根据其内容和作用分为：建筑施工图、结构施工图、设备施工图。建筑施工图主要表达建筑设计的内容，包括总平面图、平面图、立面图、剖视图和构造详图等。结构施工图主要表达结构设计的内容，包括结构布置的平面图和各构件的详图等。设备施工图主要表达设备设计的内容，包括给排水、采暖通风、电气照明等设备的布置平面图、系统轴测图和详图。

虽然各类图纸表达的内容和作用不同，但用 AutoCAD 绘制图形的过程基本相同，其基本步骤如下。

① 设置绘图环境。包括图形界限、单位、图层、标注样式等。

② 内容绘制。包括图形的绘制、标注尺寸、输入文字以及其他相关内容的绘制。

③ 布局设置和打印输出。

## 第一节　建筑平面图

建筑平面图可以表示建筑的平面形状、大小、内部的分隔和使用功能，墙、柱、门、窗、楼梯等的位置。

### 一、绘制要点与基本要求

#### 1．选择合适的比例

根据建筑物形体的大小选择合适的比例绘制，通常可选 1∶50、1∶100、1∶200 的比例，标准施工图多用 1∶100。

#### 2．画定位轴线并进行编号

用来确定建筑基础、墙、柱和梁等承重构件的相对位置，并带有编号的轴线称为定位轴线。定位轴线用细点划线绘制，端部画上直径为 8mm 的细实线圆，并在圆内写上编号。定位轴线的编号，宜标注在图样的下方与左侧。横向编号应用阿拉伯数字，从左至右顺序编写，竖向编号应用大写拉丁字母，从下至上顺序编号。拉丁字母中的 I、0、Z 不得用为轴线编号。对于那些非承重构件，可画附加轴线，附加轴线的编号应以分数表示，分母表示前一轴线的编号，分子表示附加轴线的编号。

#### 3．图线

凡是被剖切到的主要构造，如墙、柱等断面轮廓线均用粗实线绘制；被剖切到的次要构造的轮廓线及未被剖切平面剖切的可见轮廓线用中实线绘制，如窗台、台阶、楼梯、阳台等；尺寸线、图例线、索引符号等用细实线绘制。

#### 4．门窗的画法

门窗的平面图画法应按图例绘制。

#### 5．尺寸标注

建筑平面图的外部尺寸应标注门窗洞口尺寸、轴线尺寸及总尺寸。

#### 6．绘制指北针、剖切符号，注写图名、比例等

### 二、建筑平面图的绘制过程

以图 9-1 所示的住宅平面图（比例 1∶100）为例，说明用 AutoCAD 2006 绘制建筑平面图的过程。

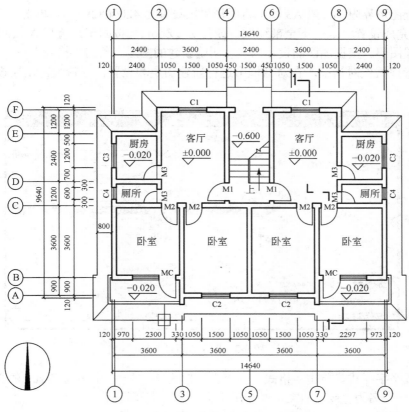

图 9-1　住宅平面图

### 1. 建立绘图环境

首先启动程序，进入绘图界面，单击"文件"→"保存"，将文件存盘，文件名为住宅建筑施工图。

① 设置绘图单位。在绘制平、立、剖面图时，以"毫米"为单位，不保留小数，既"0"。单击"格式"→"单位"，弹出"图形单位"对话框，将精度设置为"0"，缩放单位为"毫米"，如图 9-2 所示，单击"确定"完成设置。

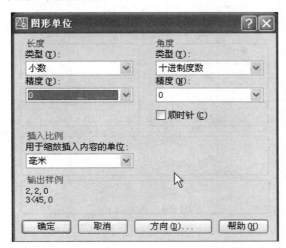

图 9-2　"图形单位"对话框

② 设置图形界限。一般 A3 图纸将图形界限设置为 42000×29700。单击"格式"→"图形界限"来完成设置。点一下全部缩放，或打 Z（Zoom）按回车，选择 A 按回车。

③ 设置图层。根据图面的设计内容，明确新建的图层。单击"格式"→"图层"，打开"图层特性管理器"对话框，在对话框中进行新建图层和设置图层特性，图层设置结果如图 9-3 所示。

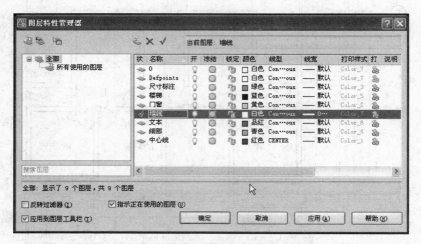

图 9-3　图层设置结果图

④ 设置文字样式。单击"格式"→"文字样式"，创建一个名为"fst"的文字样式书写汉字，创建一个名为"sz"的文字样式用于标注尺寸书写符号。

2．绘制图形

（1）画定位轴线

① 将轴线图层置为当前层。

② 用直线（L）绘制一水平线和一垂直线。

③ 用偏移命令（O）偏移直线，如图 9-4 所示。

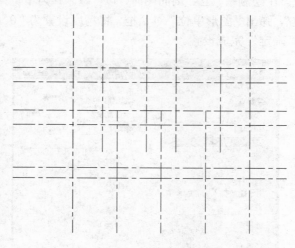

图 9-4　画定位轴线

（2）绘制墙线、柱

① 将墙线图层置为当前层。

② 用多线（ML）命令绘制墙线，对正方式为"无"，比例"S"为 240。

③ 进行多线编辑，编辑好后将多线分解。

④ 在一个网格点上绘制 400×400 的柱。填充好后用复制（CO）命令复制其他柱。

（3）绘制门窗洞口（图 9-5）

① 用中心线偏移，确定门窗的位置。

② 用修剪命令剪掉门窗位置的墙线。

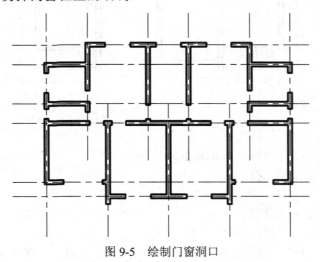

图 9-5 绘制门窗洞口

③ 将门窗图层置为当前层，画上门窗，如图 9-6 所示。

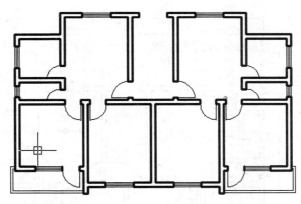

图 9-6 画上门窗

（4）绘制各细部 楼梯、台阶、花坛、散水等，如图 9-7 所示。

（5）标注尺寸

① 将尺寸标注图层置为当前层。

② 找出标注工具条。

③ 设置尺寸标注样式：打开标注样式管理器，新建一个样式名称为平面图。主要设置内容详见尺寸标注章节。

④ 标注尺寸：先用线性标注再用连续标注，注意使用对象捕捉、对象追踪和极轴等辅助工具，另外如果选择标注对象不方便，可以通过延伸、修剪或绘制直线命令绘制辅助线，用完后删除。

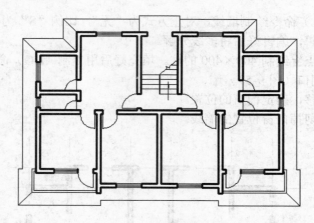

图 9-7　绘制各细部

（6）注写标高

① 在 0 层上做一个带有属性的标高的块。

② 插入带有属性块的标高。

（7）注写文字

① 将文本图层置为当前层。

② 打开文字样式对话框，选择"fst"样式。

③ 用单行文字（DT）命令，客厅、卧室等字设 500 字高，门窗编号设 300 字高，图名一般设 1000 字高，相同文字可用复制命令，如图 9-8 所示。

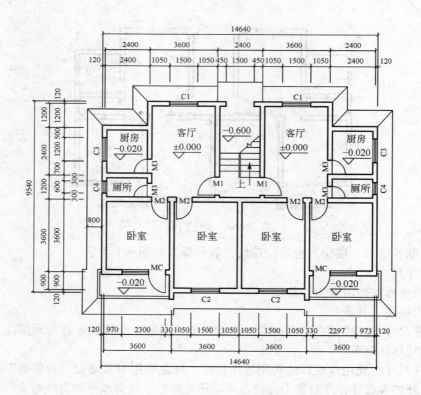

图 9-8　标注尺寸、注写文字

（8）画轴号、剖切符号及其他　轴号先画一个半径为 400 的圆，可以创建带有属性的块，也可复制相同的轴号然后用文字修改命令修改。

（9）加图框和标题栏，检查无误后输出图纸（图 9-9）　此图是一个左右对称的图，也可以先画左边一半，然后用镜像的方法镜像出右边一半，这样绘图速度快，在这里不一一叙述。

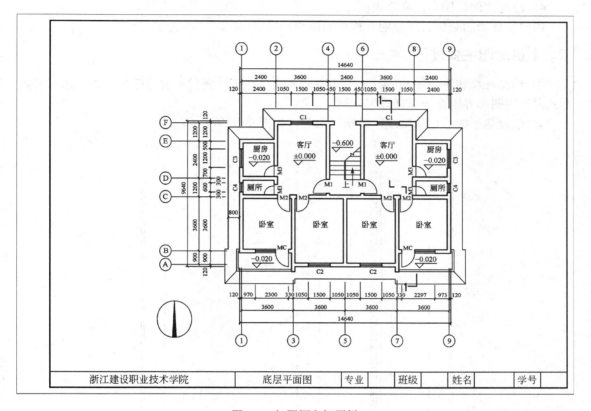

| 浙江建设职业技术学院 | 底层平面图 | 专业 | 班级 | 姓名 | 学号 |
|---|---|---|---|---|---|

图 9-9　加图框和标题栏

# 第二节　建筑立面图

　　建筑立面图是在与建筑立面平行的投影面上所作的正投影图，如图 9-13 所示。它主要用于表示建筑的外部造型和各部分的形状及相互关系等。立面图可根据建筑两端的定位轴线编号命名，如①-⑨立面图等；或按朝向称为南立面图、北立面图、东立面图及西立面图；也可按建筑外貌特征称为正立面图、背立面图、左侧立面图和右侧立面图。现在一般以轴线命名为主。

## 一、绘制要点与基本要求

　　1. 选择比例
　　建筑立面图所采用的比例应与平面图相同，一般 1：100。
　　2. 图线
　　建筑立面图的外轮廓线用粗实线绘制；主要部位轮廓线，如门窗洞口、台阶、花台、阳台、雨篷檐口等用中实线绘制；次要部位的轮廓线，如门窗的分格线、栏杆、装饰脚线、墙面分格线等用细实线绘制；室外地面线用特粗实线绘制。

3．尺寸标注及标高标注

立面图中应标注外墙各主要部位的标高，如室外地面、台阶、屋顶等处的标高。尺寸标注应标注上述各部位相互之间的尺寸。

4．注写比例、图名及文字说明

如建筑外墙的装饰材料说明，构造做法说明等。

## 二、上机绘图主要过程

① 绘图环境和平面图相同，一般画在同一文件名下，图层不够可随时添加。图形界限不够大可用图形界限命令重新设置一遍。

② 绘制地平线、定位轴线、外墙轮廓等，如图 9-10 所示。

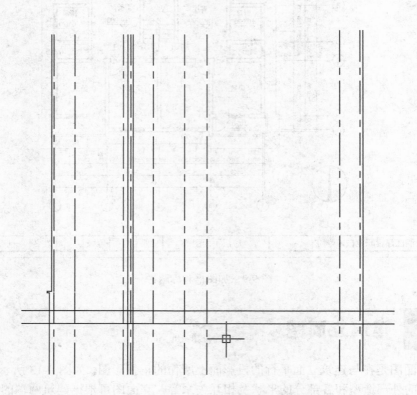

图 9-10　绘制地平线、定位轴线、外墙轮廓线

③ 绘制立面门、窗洞口、阳台、楼梯间，墙身及暴露在外面的柱子等可见轮廓线一并画出。

此图因左右对称，可先画左半部分，如图 9-11 所示，镜像后如图 9-12 所示。

④ 画出门窗、雨水管、外墙分割线等立面图的细节。

⑤ 尺寸标注及标高标注。书写必要的文字说明，标高可创建带有属性的块，如图 9-13 所示。

⑥ 加图框和标题。

⑦ 打印输出。

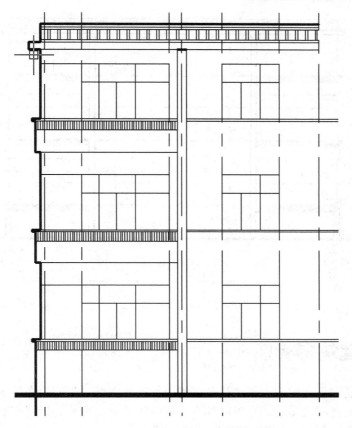

图 9-11　绘制立面门、窗洞口、阳台等

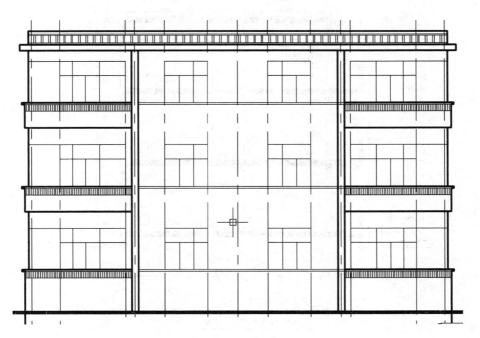

图 9-12　镜像后图

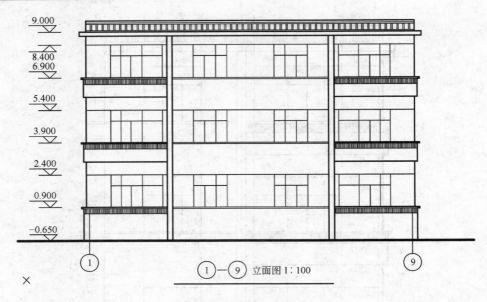

图 9-13　标注尺寸注写文字

## 第三节　建筑剖面图

　　建筑剖面图是表示房屋的内部结构及各部位标高的图纸，是假想在建筑适当的部位作垂直剖切后得到的垂直剖面图，如图 9-14 所示。剖面图的剖切位置应选择在建筑的主要部位或建筑构造较为典型的部位，如门窗洞口、楼梯间等。

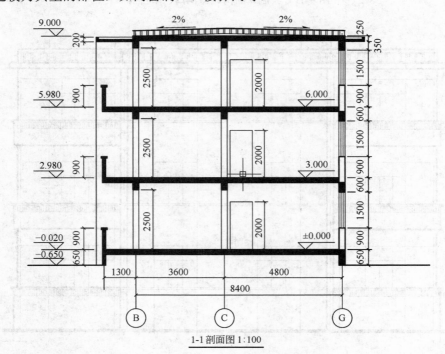

1-1 剖面图 1:100

图 9-14　1-1 剖面图

## 一、绘制要点与基本要求

**1．选择比例**

建筑剖面选用的比例一般应和平面图及立面图相同，一般用 1：100。

**2．绘制定位轴线**

凡是被剖切到的承重墙、柱都要画出定位轴线，并注写与平面图相同的编号。

**3．剖切符号**

必须在平面图中画出剖切符号，并在剖面图下方标注与其相同的图名。

**4．图线**

被剖切到的地面线用特粗实线绘制；其他被剖切到的主要可见轮廓线用粗实线绘制，如墙身、楼地面、圈梁、过梁、阳台、雨篷等。没有被剖切到的主要可见轮廓线的投影用中实线绘制；其他次要部位的投影等用细实线绘制，如栏杆、门窗分格线、图例线等。

**5．尺寸标注**

剖面图应标注承重墙或柱的定位轴线间的距离尺寸；垂直方向应标注外墙身各部位的分段尺寸，如门窗洞口、勒脚、窗下墙的高度、檐口高度、建筑主体的高度等尺寸。

**6．标高标注**

应标注室内外地面、各层楼面、阳台、檐口、顶棚、门窗、台阶等主要部位的标高。

**7．注写图名、比例及有关说明等**

## 二、绘制建筑剖面图

以图 9-14 所示的 1-1 剖面图为例，说明用 AutoCAD 2006 绘制建筑剖面图的过程。

① 绘图环境和平面图相同，一般画在同一文件名下，图层不够可随时添加。图形界限不够大可用图形界限命令重新设置一遍。

② 绘制轴线，如图 9-15 所示。

图 9-15　绘制轴线

③ 绘制室内外地坪线，各层楼面、屋面，并根据轴线绘出所有被剖切到的墙体断面轮廓线及剖切到的可见墙体轮廓，如图 9-16 所示。

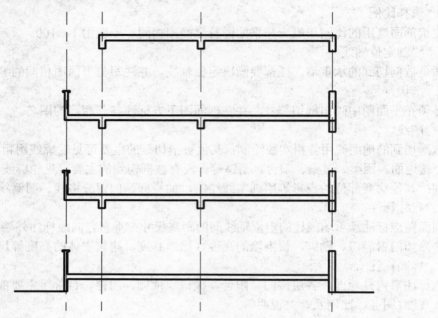

图 9-16　室内外地坪线各层楼面、屋面

④ 绘出剖切到的门窗洞口位置、女儿墙、檐口以及其他的可见轮廓线，可见立面门窗，梁的轮廓或断面，如图 9-17 所示。

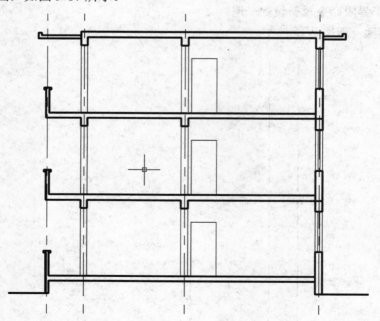

图 9-17　门窗洞口位置、女儿墙、檐口以及其他可见轮廓线的绘制

⑥ 绘出其他一切见到的细节并填充图案，如图 9-18 所示。

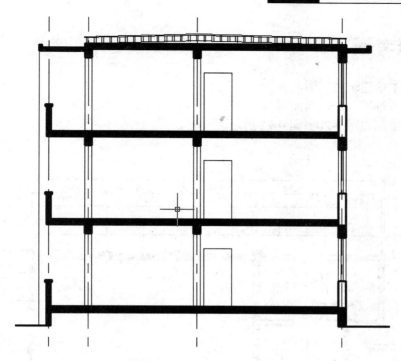

图 9-18　绘制细节并填充图案

⑦ 尺寸标注及标高标注如图 9-19 所示。

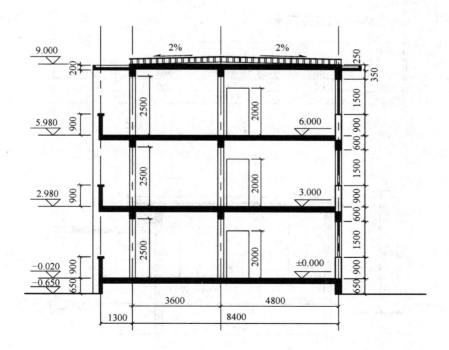

图 9-19　尺寸标注及标高标注

⑧ 画轴号、书写必要的文字说明等，结果如图 9-14 所示。

## 复习思考题

1. 练习本章建筑施工图。
2. 绘制本章平、立、剖面图。
3. 练习绘制如图 9-20～图 9-22 所示工程图。

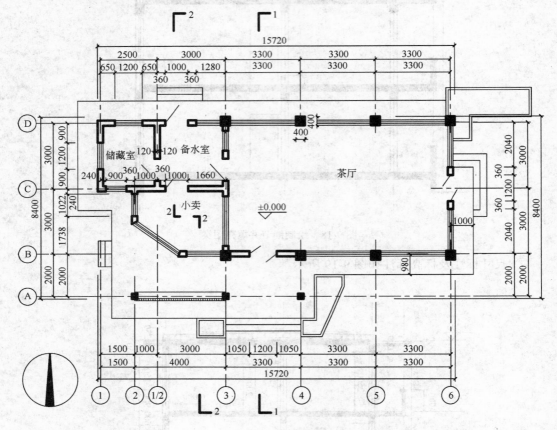

图 9-20　平面图

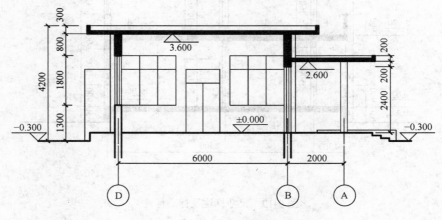

图 9-21　1-1 剖面图

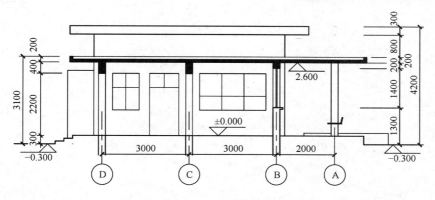

图 9-22　2-2 剖面图

# 第十章
# Photoshop 的基础知识

## 第一节　认识 Photoshop

Photoshop 是一款非常出色的图像处理软件。关键在于它对颜色的处理和调整非常直观，恰恰对于图像来说，创建完美的色彩是很重要的，通过色彩来传递信息。好的色彩会给人以美的享受。在虚拟的数字影像里，人们往往拿真实的世界来进行对比评价，以至于对于我们这些设计工作者提出了更高的要求。

### 一、色彩的一些基本知识

对图像的色彩要有深刻的理解。下面我们就来学习 Photoshop 在色彩方面的一些知识。

1．颜色模式

颜色模式在 Photoshop 中有以下几种。

- RGB（红、绿、篮）模式。
- CMYK（青、品红、黄、黑）模式。
- HSB（色相、饱和度、亮度）模式。
- CLE Lab 模式。

① RGB 颜色模式是人们生活中最熟悉的模式，就是以红、黄、篮三原色按不同的配比来获取想要的颜色，而每种原色在 Photoshop 中有 256 种色值，这样就可以获得 $256 \times 256 \times 256 = 16777216$ 种颜色。虽然这只是自然界可见光中的一部分，但在图像处理上已经足够用了。

② CMYK 色彩是一种减光模式，这里不作详述。CMYK 模式应用于印刷品，例如高分辨率的大幅广告。

③ HSB 模式是一种调节色彩比较好的模式，它按照色相、饱和度、亮度来定义颜色。主要基于人对颜色的感觉。H 色相，选择基本颜色；S 饱和度，选择色彩到黑白之间量的变化；B 亮度，图像的曝光程度。

④ Lab 模式：L 表示亮度；a 表示从深绿色到灰色再到亮粉红色的通道；b 表示从亮蓝色到灰色再到黄色的通道。这种混合方式理论上包含了人眼可以看见的所有颜色。Lab 模式是 Photoshop 里保存色彩最佳的模式，但是它是一个理论的颜色，没有相应可以输出的设备，所以可以用 Lab 模式编辑图像，转化成 RGB 或 CMYK 模式输出。

一般喷墨打印机的颜色文件都是基于 RGB 和 SRGB，所以效果图都选用 RGB 模式。

2．颜色的获取

① 如图 10-1、图 10-2 所示分别是 Photoshop 的拾色器和调色板。通过点取其中的颜色或调整数据来获取所需的颜色。提示：单击工具箱底部的颜色模块可以打开拾色器，点击菜单的"窗口"→"色板"可以打开调色板。

② 模式的选择，可以打开调色板中右侧的菜单，如图 10-3 所示。

### 二、Photoshop CS 中文版的安装

软件安装主要分两种：自动弹出安装向导，按着向导点击就可以了；找到 setup.exe 文件，双击安装，过程中需要序列号，在文件或光盘封面上能找到，安装完毕，看说明进行注册。

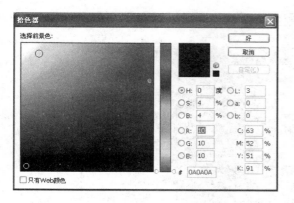

图 10-1　拾色器

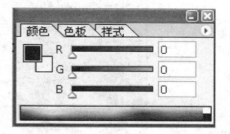

图 10-2　调色板

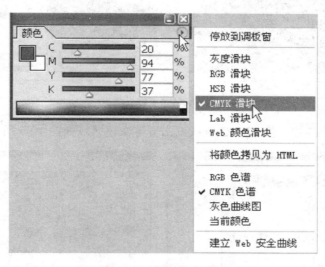

图 10-3　颜色模式选择

# 第二节　工作界面

## 一、认识工作界面

　　Photoshop 的界面和所有其他软件的界面一样有标题栏、菜单栏等，其中下面几项是比较重要的，如图 10-4 所示。

　　① 工具箱：工具箱是常用工具的集合，Photoshop 提供了几乎绘图所需要的所有工具。在使用此软件画图的时候总有一命令是处于激活状态。

　　② 选项栏：选项栏的那些参数经常会被忽略，任何一个工具都会有相应的参数。例如画笔有不同的型号、大小等。

　　③ 命令面板：命令面板主要是对图中的元素进行科学的管理，掌握图层和通道面板。

## 二、新建图像

　　在画图前，准备好了画笔、颜料等工具外还有一样重要的东西，那就是图纸。Photoshop 也一样，下面来讲述如何获得一张图纸。有两种方式：打开已有的图片或新建。

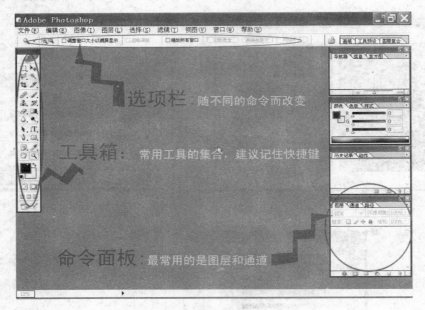

图 10-4　工作界面

① 打开已有的图片　按 Ctrl+O 键或双击屏幕灰色区域如图 10-5 所示。

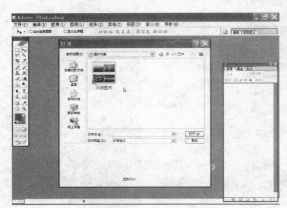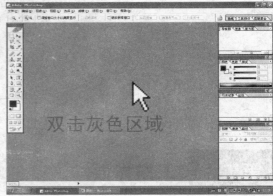

图 10-5　打开图片

② 新建　按 Ctrl+N 键或点击"文件"→"新建"，出现对话框，框内有三项要特别注意，如图 10-6 所示。

● **注意：** ●

Photoshop 中图像的清晰度是务必在画图之前确定的，参考参数如下。

A3：300 以上 dpi。

A1：150 以上 dpi。

至此，工作界面已经就绪，可以开始工作了。

## 三、设置工作环境

（1）暂存盘　Photoshop 在处理图像时需要计算大量的数据，要求机器有很大的磁盘空间。这里出现一个词语叫虚拟内存，经常会出现虚拟内存过低的提示。Photoshop 会在硬盘上开辟暂存盘空间作为虚拟内存使用。单击菜单"编辑"→"预设"→"增效工具与暂存盘"，可以把除安装盘外的一个或多个硬盘设置为暂存盘，如图 10-7 所示。

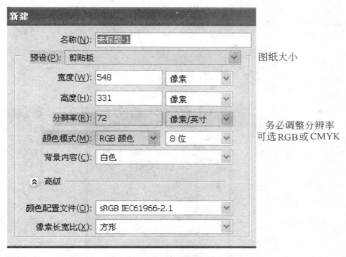

图 10-6　新建图像

②　工作区的设置　由于电脑屏幕是有限的，可以关闭不常用的窗口，使工作区域最大化。点击菜单栏"窗口"→"工作区"内容，如图 10-8 所示。

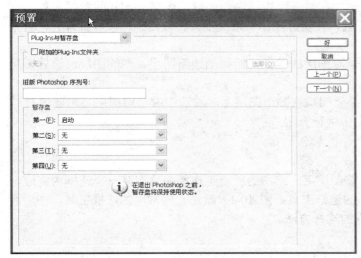

图 10-7　暂存盘

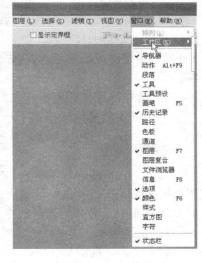

图 10-8　工作区

## 第三节　常用工具

## 一、图层

### 1. 图层面板（F7）

在介绍工具的使用之前有一个更重要的概念，就是图层。图层就像一张张透明的纸，并按照一定的顺序排列，如图 10-9 所示。可以用鼠标左键按住图层，拖到其他位置，就可以改变图层的排列顺序，也可以用快捷键 Ctrl+[或]来实现，如图 10-10、图 10-11 所示。

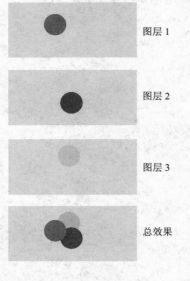

图 10-9　图层的概念　　　　图 10-10　改变图层的顺序　　　图 10-11　改变图层的顺序

2. 图层的其他知识

① 默认时会有一个叫背景的图层，是一张填满底色的纸，图层管理器的背景一栏带有一把锁，这锁是用来锁定图层的位置，在实际操作中意义不大。双击锁标可以打开它，背景层就和普通图层一样了。

② 图层面板底部的一排按钮是对图层的管理，例如创建新图层、删除图层、设置图层特性等。

③ 特别注意在任何操作之前必须明确在哪个图层上，被选中的当前图层显示蓝色。

有关图层的其他操作在下一章中进行介绍。

## 二、选框工具

对于 Photoshop，在确定了当前图层后，绘图的所有工作都必须在某一个选框内完成，所以说 Photoshop 要提供灵活快速的选框工具。图 10-12 就是一些常用的选框工具，在后面的具体操作中还会介绍到一些特殊的选择方法。

1. 常用选框工具

（1）矩形、椭圆形（M）　切换用 Shift+M（按 Shift 键绘正方、正圆，按 Alt 键从中心点扩展），直接用鼠标拖拉绘制。最常用的是矩形选框。取消选区（Ctrl+D）可以删除已有的选区。

（2）自由套索、多边形套索、磁性套索（L）　切换用 Shift+L，分别是自由拖拉形状，点击多点以得到多边形状，利用原有画面的颜色反差，能吸附反差的颜色边缘。最常用的是多边形套索。

（3）魔术棒（W）　根据颜色来选取区域；颜色范围参数调整见选项栏。

2. 其他选框工具

以上是常用选框工具，务必掌握，下面对其他选框工具作简要说明，如图 10-13 所示。

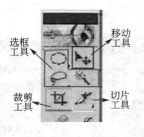

图 10-12　常用选框工具

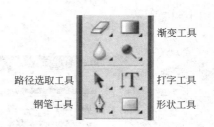

图 10-13　其他选框工具

（1）路径的构成　锚点（平滑点、拐角点、直角点）、线、面的组合，路径在 Photoshop 中随时变成选区。

（2）路径选取工具（A）　包含路径选择和子路径选择工具。路径选取工具用来选择整条路径（按 Shift 键可加选多条）；子路径选择工具可选择路径上的控制锚点（按 Shift 键可加选多点）。选择完路径再进行各种操作。

（3）钢笔工具（P）　含有钢笔、自由钢笔、加锚点、减锚点、转换点工具。钢笔是点击绘制路径的；自由钢笔是拖拉绘制路径；加锚点、减锚点可在路径上加减锚点；转换点工具能改变锚点的类型。

（4）形状工具（U）　包含有矩形、圆角矩形、椭圆、星形、直线、自定义形状五种工具。三种不同的生成方法［有填充的形状图层、单独的路径、直接的填充（即直接绘出图形，不由路径再控制）］。

其中，自定义形状是由自己定义——先用路径工具得到想要的形状，再用编辑菜单下的"定义自定义形状"来定义。

这些选框工具都能混合运用，在绘制好选区的基础上，可用选框工具对已有选区进行相加、相减、交叉等操作（用键盘的 Shift 键加选、Alt 键减选，两个键齐按交叉的配合）。

## 三、文字工具

文字工具（T）　含有打字工具与字选区工具，打字工具用以打字，层新增一个文本层；字选区工具用以设定文字形状的选区，不产生新层。

## 四、其他工具

（1）切片工具（K）　用来做网页的超链接的设定，结合开始菜单的存为 Web 格式，用来制作简单的网页。

（2）前、背景色（D——默认黑白状态）　切换前景色和背景色（X）、填充前景色（Alt+Del）、填充背景色（Ctrl+Del）。颜色工具条（F6）——选择不同的色彩模式进行调色，如图 10-14 所示。

（3）颜色面板（F6）　快速选取颜色，可保存自定义颜色。另有大量颜色库可调用。如图 10-15 所示。

（4）拾色器　单击前景或背景出来的取色板，可自调颜色。另外还有颜色库调用，如图 10-16 所示。

（5）渐变工具（G）　含有渐变和油漆桶工具。渐变工具有五种不同的渐变类型（直线、径向、角度、对称、棱形），是一种可一次拉出多种颜色的工具。直接拖拉即可，重在自己编辑（可在渐变编辑器中进行全面的编辑，保存）；油漆桶工具可填充前景色和图案（有容差设定）。如图 10-17 所示。

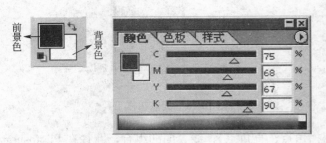
图 10-14　前、背景色

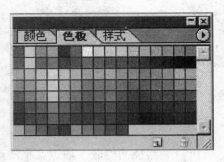
图 10-15　颜色面板

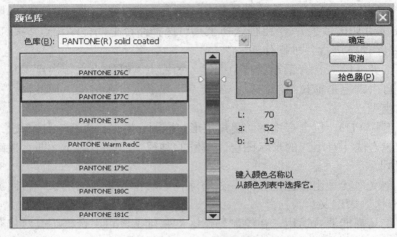
图 10-16　拾色器下的颜色库

（6）注解工具（N）　含有文字注解与语音注解，是不重要的工具。

（7）取样工具（I）　含有吸管、取样、测量三个工具。吸管直接在图片里取色至前景（结合 Alt 取背景色）；取样工具结合信息面板看颜色的数值（可取四种颜色）；测量工具用来测量两点之间的距离及角度（配合 Alt）（结合信息面板查看数值），如图 10-18 所示。

图 10-17　渐变编辑器

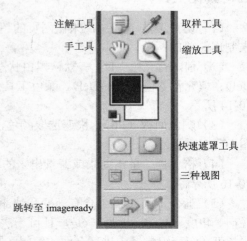
图 10-18　取样工具

（8）信息面板（F8）　能随时反应信息，如颜色信息与选区大小的信息，测量工具测到的数值，及取样工具取样的颜色值。如图 10-19 所示。

（9）快速遮罩工具（Q）　含正常模式和遮罩模式。进入遮罩模式可将已有选区转成遮罩（或直接制作选取区），再进行修改，以完成较精确的选取范围，再转换成选区应用（通过颜色——黑白灰，来确定选取区的透明度）。

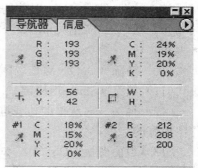

图 10-19　信息面板

（10）界面视图的所有工具和命令

① 手工具（H）　双击可让视图适合屏幕、在画面放大后可移动画面；用其他工具时，按空格键可变为手工具。

② 放大镜工具（Z）　点击右键选择不同的方式。

③ 界面的三种不同方式（F）　普通模式、全屏模式、黑底模式。

④ 按 TAB 隐藏和显示工具和面板、按 Shift+Tab 来单独隐藏和显示面板。

⑤ 导航器（F8）　用来放大、缩小视图快速查看某一区域。

⑥ 校验颜色（Ctrl+Y）　对不能打印出来的颜色以可打印颜色显示。

⑦ 覆盖警告（Ctrl+Shift+Y）　以预设的颜色覆盖不能打印的颜色区域。

⑧ 放大（Ctrl+ +）——放大画面，缩小（Ctrl+ -）——缩小画面。

⑨ 屏幕显示（Ctrl+0）　以屏幕工作区大小自动调整大小

⑩ 实际像素（Ctrl+Alt+0）　以屏幕分辩率来显示画面的分辨率，实际大小——即打印尺寸，以厘米计。

⑪ 显示隐藏全部（Ctrl+H）　即对路径、选区、辅助线（Ctrl+;）、网格、切片的全部显示和隐藏（可分别对以上各项分别设定）。

⑫ 显示标尺（Ctrl+R）　用来显示和隐藏页面标尺。

⑬ 全部吸附（Ctrl+Shift+;）　用来绘制选区时对网格、辅助线、切片、文本框的吸附（可分别对以上各项分别设定）。

⑭ 锁定辅助线（Ctrl+Alt+;）　对已有辅助线的锁定（即不能再移动）。

- 清除辅助线——对已有辅助线的清除
- 新建辅助线——可精确的通过数值来设定辅助线

## 第四节　编辑菜单

### 一、编辑菜单

（1）撤销（Ctrl+Z）　只有一步来回。

（2）后退（Ctrl+Alt+Z）　默认 20 个步骤。

（3）回退（Ctrl+Shift+Z）　对后退命令的回复。

（4）消退（Ctrl+Shift+F）　对滤镜功能的消退。

（5）剪切（Ctrl+X）　对选取区域进行剪切。

（6）复制（Ctrl+C）　对选取区域进行复制。

（7）合并复制（Ctrl+Shift+C）　对选取区域内所有看得见的图进行复制（可以是多个不

想合并的图层）。

（8）粘贴（Ctrl+V） 对剪切复制的图进行粘贴（自动生成图层，并在层中心）。

（9）粘贴入（Ctrl+Shift+V） 对剪切复制的图进行粘贴，不同于粘贴的是可将图贴入选区里面。

（10）清除（Del） 对选取区域的删除。

（11）填充（Shift+退格键） 可设定是填充前景、背景、图案或历史记录与黑白灰。

（12）描边 对选框的边线进行描绘，可自选颜色、控制宽度。另外选框可羽化，能制作出很好的特效。

（13）自由变换（Ctrl+T） 对某层画面进行变换或对某层里的选取区域进行变换，直接拖拉变换框可放缩（按 Shift 可约束比例，按 Alt 可让中心点不变）；将鼠标放置在变换框外可旋转（按 Shift 可约束一定角度，中心点可移动）；按 Ctrl 键再变换可得到扭曲效果；按 Ctrl+Alt 可得到斜切效果；按 Ctrl+Shift+Alt 可得到透视效果。

（14）变换 含有以下内容。

① 再次变换（Ctrl+Shift+T） 对上次的变换再次变换。

② 缩放 用此命令后只能控制缩放。

③ 旋转 用此命令后只能控制旋转。

④ 斜切 用此命令后只能控制斜切。

⑤ 扭曲 用此命令后只能控制扭曲。

⑥ 透视 用此命令后只能控制透视。

⑦ 旋转 180°、旋转 90°（顺时针和逆时针） 用这三命令即直接旋转。

⑧ 水平翻转 可令画面镜向，类似对称即像照镜子一般。水平即只能在水平线上镜向（即左右）。

⑨ 垂直翻转 可令画面镜向，类似对称即像照镜子一般。垂直即只能在垂直线上镜向（即上下）。变换里的子项在自由变换工具用快捷键可得到。

另外，在用变换时，用快捷键 Ctrl+Alt+T，变换之后可得到一个复制品，再用 Ctrl+Shift+Alt+T 可得到连续的复制。

（15）参数预设（Ctrl+K） 大部分采取默认即可。

（16）历史面板（F8） 记录操作过的步骤（默认 20 步）。可用快照对面板中某一步骤进行长久地保存；可用新文档功能把面板中某一步骤存成一个新的文件。

## 二、图像菜单

图像菜单包括对图像模式的更改，调整图片的所有命令，图像、画布的大小、变换的控制及一些重要功能。

（1）模式 各种模式的更改（位图、灰度、双色调、索引色、RGB、CMYK、LAB、多通道）。使用者只要知道最后把图转成 CMYK 就可以了，其他的都不是很重要。

（2）通道 区分 8 位通道（正常）和 16 位通道（产生较好的色泽，但不能再编辑）之间的差别。

（3）调整 对图片色彩、明暗度的所有调整命令。

（4）色阶（Ctrl+L） 调图片的明暗度与对比度，较多的控制功能。

（5）自动色阶（Ctrl+Shift+L） 自动调一下色阶，不出对话框。

（6）自动对比度（Ctrl+Shift+Alt+L）　自动调一下对比度，不出对话框。

（7）曲线（Ctrl+M）　与色阶功能大致相同，较灵活。

（8）色彩平衡（Ctrl+B）　可较直观地对图片加各种颜色。

（9）亮度与对比度　没有色阶和曲线来的多的控制功能，对色彩不多的图可应用。

（10）色相与饱和度（Ctrl+U）　可调各种色调以及单色的调整。

（11）去色（Ctrl+Shift+U）　把图片的颜色都去掉，只剩灰度。

（12）替换颜色　把选择菜单下的颜色范围和色相与饱和度放在一起进行作用。

（13）可选颜色　用六原色与黑白灰的九种指定颜色进行调整。

（14）通道混合器　通过这个命令相当于对某通道的单独调整。

（15）渐变映射　通过图片的明暗分布把指定的渐变映射到图片上产生特殊效果。

（16）反相（Ctrl+I）　把图片的颜色变为相反的颜色（如黑变白、青变红、绿变洋红、蓝变黄）。

（17）色调均化　把当前图进行颜色平均，不出对话框。

（18）黑白控制　把图片变为只有黑白两色，可控制各占多少比例。

（19）色调分离　把图片按指定的级进行分离，成生特殊效果。

（20）复制　把当前图复制一个新文件，保留所有数据。

（21）图像大小　可以调整图片的大小，与画布同时改变，对分辨率进行修改。

（22）画布大小　只调画布的大小，对层里的图不影响。

（23）旋转画布　对整个图进行一些的改变（正负 90°、任意角度（配合工具箱的标尺）、水平镜像、垂直镜像）。

（24）剪切（C）　把某一选取区域以外的全部删除，连同画布。

（25）修剪　可把层的一些透明区删除，连同画布。

（26）展示全部　把比当前画布大的图完全显示出来，同时也改变画布。

（27）补漏白　在 CMYK 模式下才可用，用之后所有层合并。

（28）柱状图　用来观察图片的明暗分布，以便有数修改。

## 三、滤镜菜单

滤镜菜单包含一些光怪陆离、变换万千的特殊效果，一个简单的命令就可完成，能起到画龙点睛的作用，这里不再赘诉。

# 复习思考题

## 一、问答题

1. 在新建图像时，为什么图纸越大，所需的像素反而可以越小？
2. 矢量图与标量图的区别？Photoshop 所绘制的是矢量图还是标量图？该注意什么？
3. 如何使用空格键？
4. 如何制作选框，增加或减少选区？如何选择图层中的所有内容？

## 二、作图题

运用选区和填充工具，把下图的主要空间与辅助空间用不同的颜色区分出来。可以参考

第十章的内容。

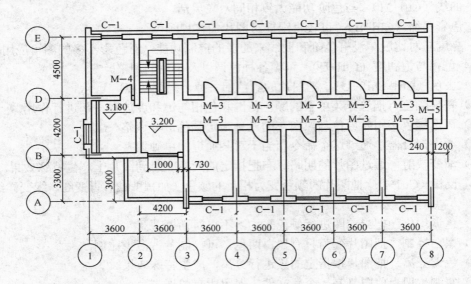

图 10-20　某办公室平面图

# 第十一章
## 实例

# 从 CAD 导入到 Photoshop

## 一、CAD 打印格式介绍

从 CAD 导入到 Photoshop 需要自己设置一个虚拟打印机。可以选择两种格式的打印机，即 TIF 格式或者 EPS 格式。TIF 格式和 EPS 格式的区别如下。

① TIF 主要是以像素为主的文件；EPS 是可以矢量编辑的文件。

② TIF 格式为白色的背景；EPS 格式为透明颜色背景。

这里推荐使用 TIFF 打印机。

## 二、TIFF 打印机的设置

下面以某 CAD 总图为例介绍 TIFF 打印机的设置。

① 点击"文件"，选择"打印机管理器"（图 11-1），运行添加打印机向导（图 11-2）。选择"添加打印机向导"，点击"下一步"如图 11-3 所示。

下面开始添加打印机，总共分 6 步，如图 11-4 的左侧显示所示。

• "开始"界面选择默认的"我的电脑"。

图 11-1　打印机管理器

图 11-2　添加打印机向导

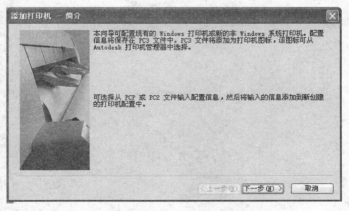

图 11-3　打印机简介

图 11-4　开始添加打印机

- "打印机型号"界面中生产商选择"光栅文件格式"，型号选择"TIFF Version 6（不压缩）"（如图 11-5），点击"下一步"。

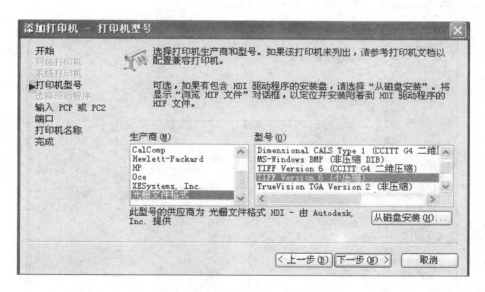

图 11-5　打印机型号

- 输入 PCP 或 PC2，不用更改直接点击"下一步"。
- 端口界面选择"打印到文件"，点击"下一步"直至完成。
- 打印机名称，不用修改，直接点击下一步。
- 点击完成。

② 与图 11-2 相比，打印机管理器中多出一个"TIFF Version 6（不压缩）"打印机，如图 11-6 所示。

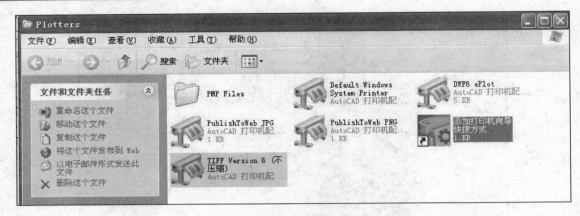

图 11-6

## 三、打印 CAD 文件为 TIF 格式文件

首先打开一个 CAD 文件，做好打印前的准备。

1. 选择打印机

点击"文件"→"打印"（Ctrl+P）打开"打印"对话框，在"打印设备"页面中选择设置好的"TIFF Version 6（不压缩）"打印机（图 11-7）。

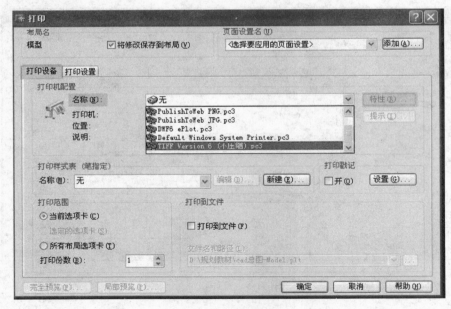

图 11-7　开始打印

2. 设置需要打印的图纸尺寸

点击"打印机配置"右边的"特性"（图 11-7），弹出"打印机配置编辑器"对话框，选择"自定义图纸尺寸"，点击右下角"添加"按钮（图 11-8），弹出"自定义图纸尺寸-开始"对话框，分 5 步来自定义图纸。

① 选择默认的"创建新图纸"（图 11-9），单击"下一步"。

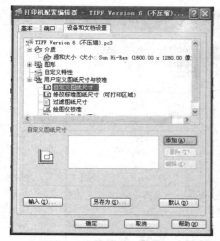

图 11-8　打印机配置编辑器　　　　　　　　　　图 11-9　开始自定义图纸尺寸

② "介质边界"中设置"宽度"为 2900，"高度"为 4100，"单位"选择"像素"（这里是根据所需要的图纸尺寸来设置像素的），如图 11-10 所示。单击"下一步"。

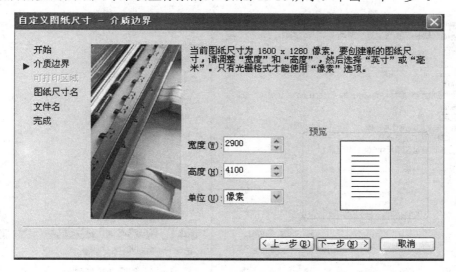

图 11-10　介质边界

③ "图纸尺寸名"中"用户一"改成"湖州南太湖"（这里一定要更改图纸名字，以便区分每个项目不同规格的图纸），如图 11-11 所示。单击"下一步"。

④ 文件名不用更改，直接单击"下一步"。

⑤ 选择"完成"，此时"自定义图纸尺寸"框中出现已经定义好的图纸，点击"确定"，弹出对话框"修改打印机配置文件"，选择"将修改保存到下列文件"，保存的目录为默认的即可，按"确定"保存，如图 11-12、图 11-13 所示。

3. 打印设置

① 衔接前面点击"确定"之后，回到"打印"页面。

② 选择"打印设置"页面，在"图纸尺寸和图纸单位"中选择刚设置过的"湖州南太湖"图纸。

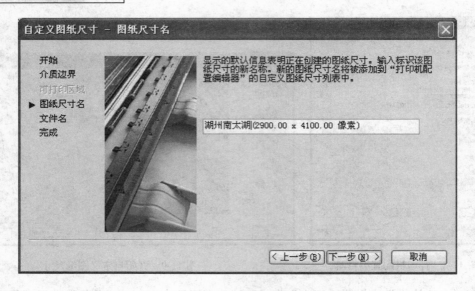

图 11-11　图纸尺寸名

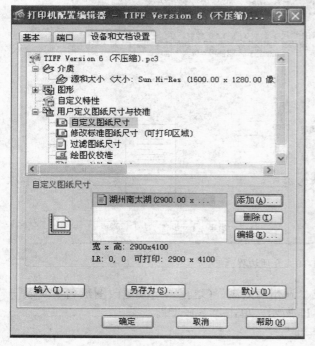

图 11-12　完成配置

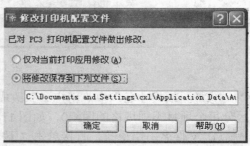

图 11-13　保存配置文件

③ "图形方向"中选择"纵向",如图 11-14 所示。

④ "打印区域"中点击"窗口",出现画的 CAD 图纸页面,此时选择一个需要打印的区域(注意这里"对象捕捉"要打开),点选图框左上角,再点选图框右下角(图 11-15),需要打印的区域已经选好,自动回到了"打印"窗口。

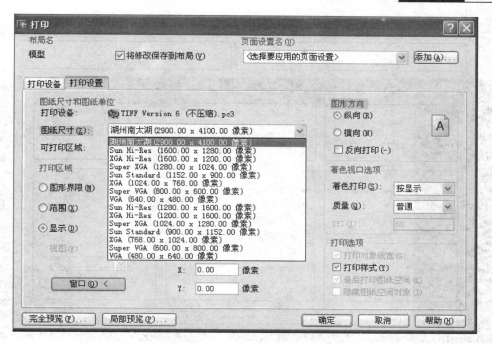

图 11-14　选择打印选项

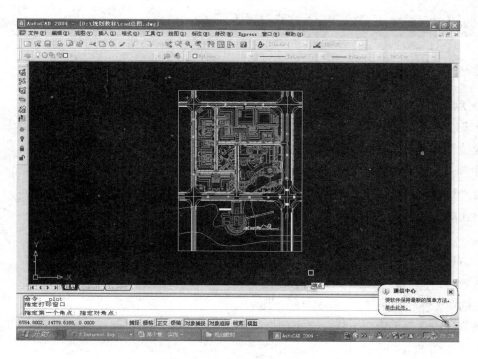

图 11-15　选择打印的区域

⑤ "打印比例"中选择"按图纸空间缩放"，如图 11-16 所示。

⑥ "打印偏移"中勾选"居中打印"，如图 11-16 所示。

⑦ "着色视口选项"和"打印选项"均不用修改，如图 11-16 所示。

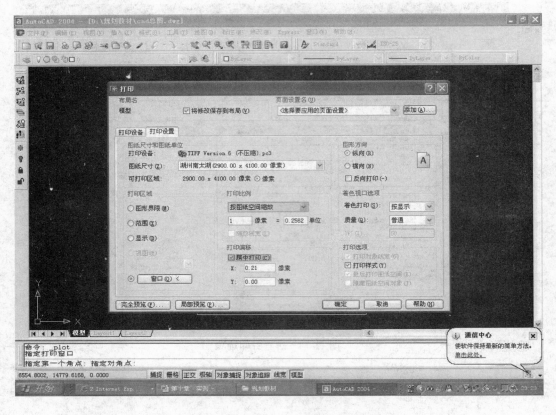

图 11-16 打印比例

⑧ 点击"局部预览"（图 11-16），跳出"局部打印预览"对话框。此时检查"可打印区域"和"有效区域"是否超出"图纸尺寸"，即前面"窗口"时所选的区域刚好为"可打印区域"且同时在"有效区域"中（图 11-17）。按确定，完成"打印设置"。

4. 打印出来的 TIF 格式的文件保存

回到"打印设备"页面。"打印到文件"栏中点选"文件名和路径"（图 11-18），跳出"浏览打印文件"窗口，选择"桌面"，按保存，如图 11-19 所示。

5. 打印文件

① 点击"确定"等待"打印进度"完成，如图 11-20 所示。

② 桌面上出现"cad 总图-Model"文件，如图 11-21 所示，打印完成。

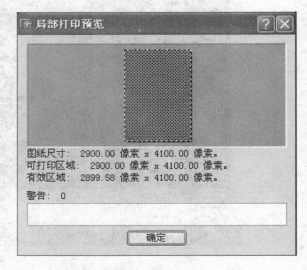

图 11-17 打印预览

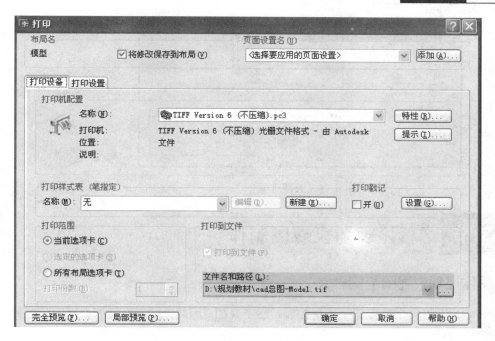

图 11-18　打印文件名和路径

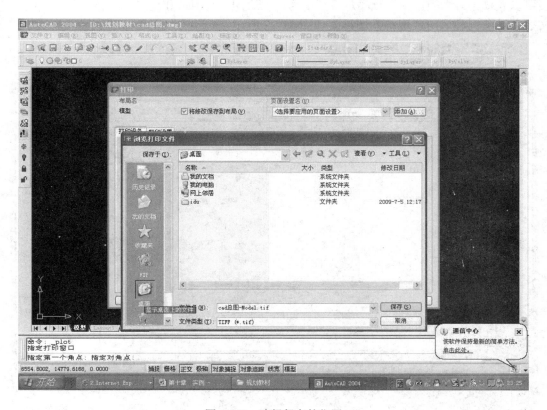

图 11-19　选择保存的位置

图 11-20　打印进度　　　　　　　　　　　　　图 11-21　打印生成的文件

## 第二节　总体规划表现图制作

### 一、总体规划表现图范例研究

　　Photoshop 的一个特点就是图层控制，逐层叠加。因此，在制作规划表现图的时候，首先应明确有什么图层。

　　下面以一张总体规划表现图来做范例。在 Photoshop 中，可以看到有很多图层。这些图层可以大致分为六类，图层顺序从下至上为：①底图；②用地和道路；③符号和控制线；④文字；⑤图例和风向玫瑰；⑥图框。如图 11-22 所示。

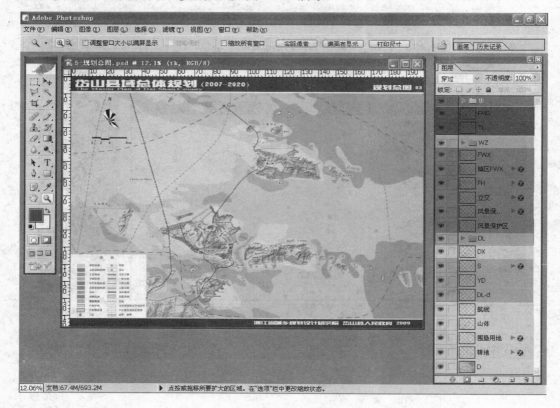

图 11-22　图层管理

这六类图层是在总体规划中需要完成的基本内容。下面逐一进行讲解。

## 二、底图的制作

底图所包含的内容：海洋、陆地（耕地和围垦）、地形、山体、村庄等。

1. 海洋的制作

① CAD 图中只打开 0 图层和 0-等深线图层，如图 11-23 所示，将 CAD 导出 TIF 文件。

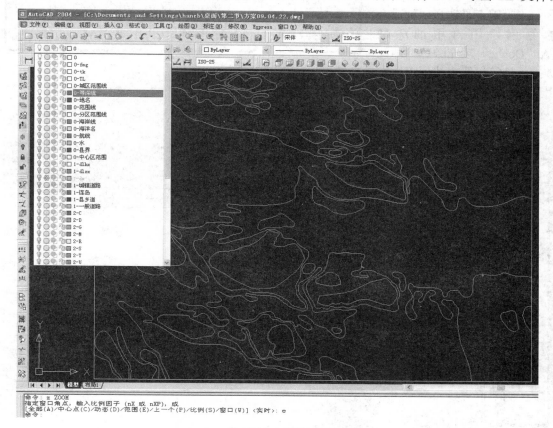

图 11-23  虚拟打印

② 在桌面上找到"方案 09.04.22-Model"文件，用 Photoshop 打开，另存为一张 Photoshop 格式的图纸。这里注意要给 Photoshop 格式的图纸起好名字，以便方便使用。建议用图纸编号+图纸名+制作时间来为 Photoshop 起名字，如图 11-24 所示。

图 11-24  打印文件名

③ 双击图层名"背景",将图层名称改为"D",取意为"底图"的缩写,如图 11-25 所示。

④ 用魔棒选择相同等深线的区域,注意魔棒选择时要勾选"连续的",如图 11-26 所示。按住 Shift 键可以加选选区。用吸管工具选择一种适合的颜色,用再用油漆桶(Alt+Delete)填充颜色。由此类推,将等深线由浅到深填充上蓝色系的颜色。

图 11-25　修改图层名

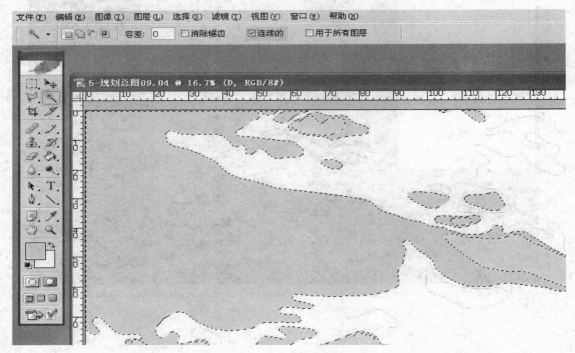

图 11-26　选择选区

2. 陆地的制作

在临海的城市中陆地包括耕地和围垦用地。耕地可以看做海岸线以内大陆用地。如果是内陆城市,直接是山体的制作,省略此步骤。

① CAD 图中只打开 0 图层和 0-海岸线图层,由 CAD 导出 TIF 文件。

② Photoshop 打开 TIF 图纸。使用移动工具并点住 Shift 键,拖拽到 Photoshop 图中。

③ 将图层名改为"耕地"。

④ 用魔棒选择白色(注意取消勾选"连续的"),删除选择部分(Delete)。

⑤ 用魔棒选择陆地的区域(注意勾选上"连续的"),填充(Alt+退格)上颜色,如图 11-27 所示。这里也可以用魔棒选择海洋的区域,然后反选(Ctrl+Shift+I)。

⑥ 打开图层样式(双击图层,不要点到图层名字上),如图 11-28 所示,勾选"投影",可根据投影效果自行调节"距离"和"大小"。

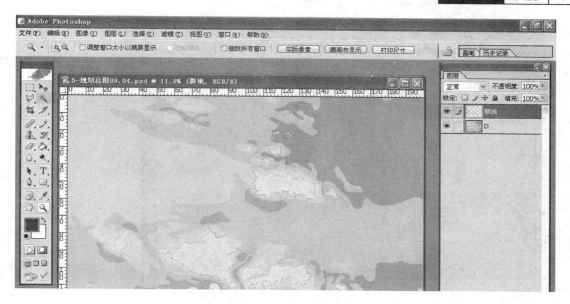

图 11-27  填充

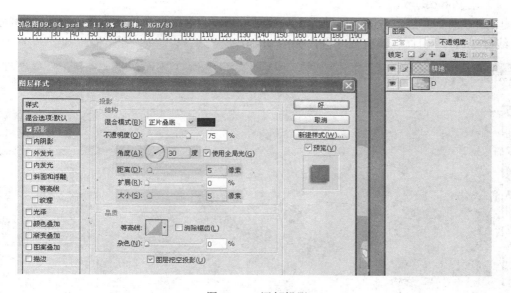

图 11-28  添加投影

⑦ 转入"围垦用地"图层，方法同上。

3．地形的制作

① 将 CAD 图中 1-dx 图层打开，转入 PSD 中。

② 将白色部分删除，再更改图层名为"DX"。

③ 透明度调为 30%，点击移动工具，再点击数字 3，如图 11-29 所示。

4．山体的制作

有两种方法处理山体效果：第一种方法用 Photoshop 画笔（建议用）；第二种方法是在有
ArcGIS 软件且会用此软件生成山体的 JPG 图片的情况下制作。

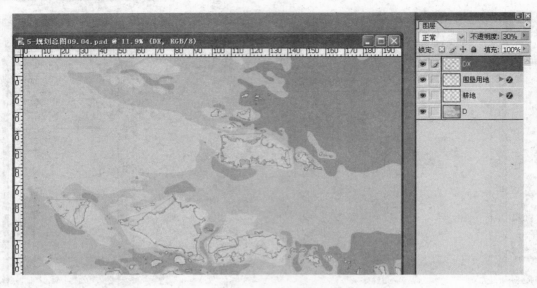

图 11-29　修改图层透明度

（1）用 Photoshop 画笔

① 新建两个图层，改图层属性为正负叠底，分别起名"山体"、"山体暗面"，沿着最低等高线做选区，"山体"填充浅绿色，如图 11-30 所示。

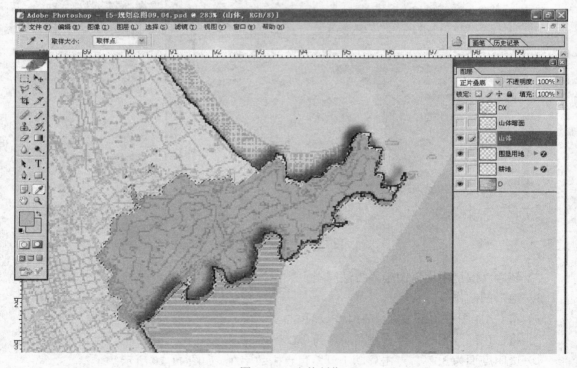

图 11-30　山体制作

② 沿垂直日照方向山脊做山体背面选区，给 1~5 的羽化值，如图 11-31 所示，"山体暗面"图层上填充墨绿色，如图 11-32 所示。

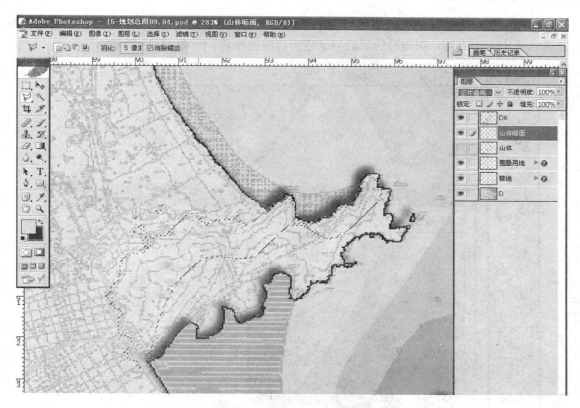

图 11-31  山体北面选区

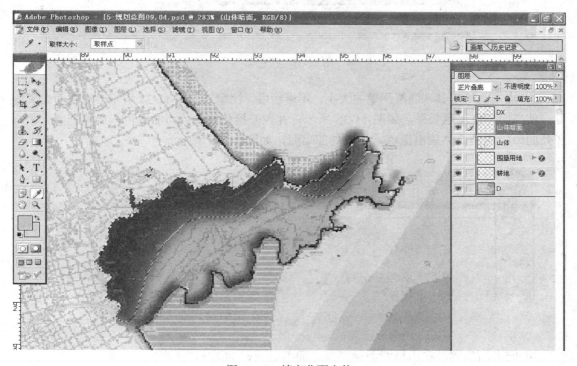

图 11-32  填充北面山体

③ 通过 Ctrl+点选"山体"图层名选择全部山体选区，并通过 Ctrl+Alt+点选"山体暗面"从而选择出亮面山体。调整拾色器的前景色为更浅的绿色，如图 11-33 所示。

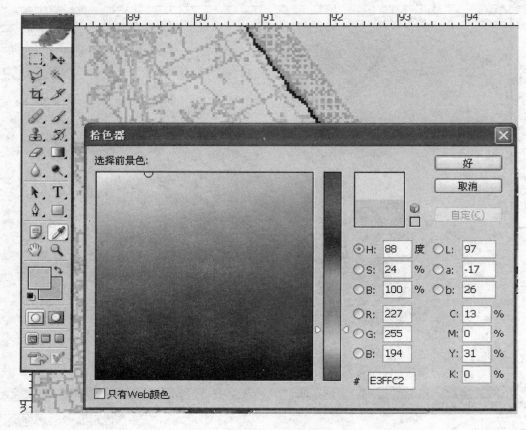

图 11-33　拾色器

④ 点选画笔工具，调整画笔的大小、不透明度、流量，如图 11-34 所示，沿阳面山脚划过，使亮面产生退运效果，如图 11-35 所示，并改变拾色器颜色为墨绿色，调整画笔大小，在亮面山体的西南侧划出深色，形成局部暗面，如图 11-36 所示。

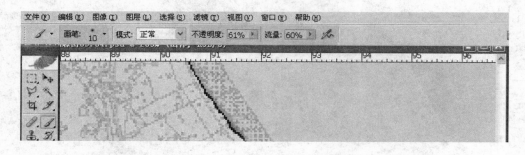

图 11-34　修改画笔参数

⑤ 同上面步骤，在山体背面做局部亮面得效果，如图 11-37 所示。

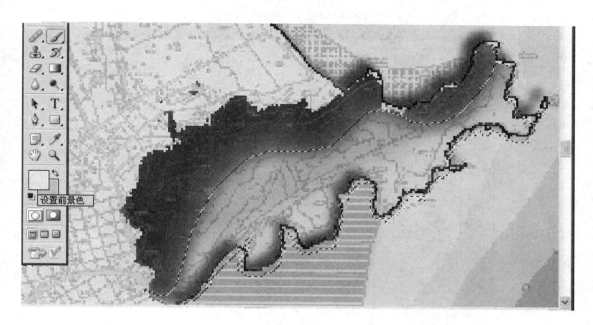

图 11-35　画笔涂抹一

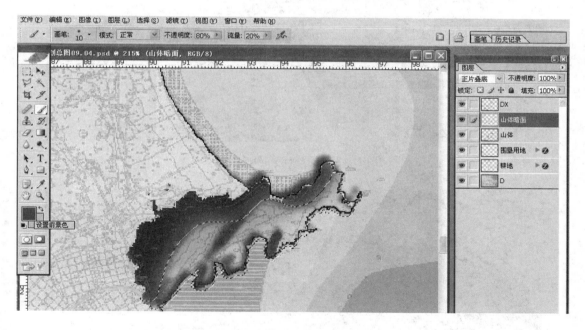

图 11-36　画笔涂抹二

⑥ 完成大体效果后合并（Ctrl+E）上述"山体"和"山体暗面"两个图层，选择"图像"→"调整"→"色相和饱和度"进行调节，使整个色调协调统一。（图 11-38、图 11-39）

（2）ArcGIS 软件绘制的山体　打开用 ArcGIS 软件做好的山体 JPG 文件，拽入 PSD 中，透明度调节成 50%，自由变换（Ctrl+T）成合适的大小，如图 11-40 所示。

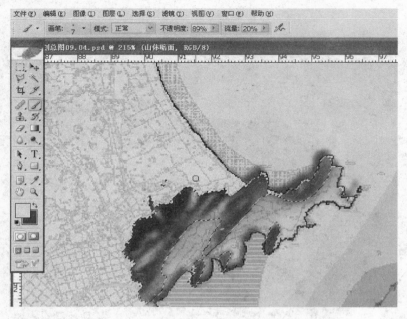

图 11-37　画笔涂抹三

图 11-38　选择"色相/饱和度"

图 11-39　调整色相

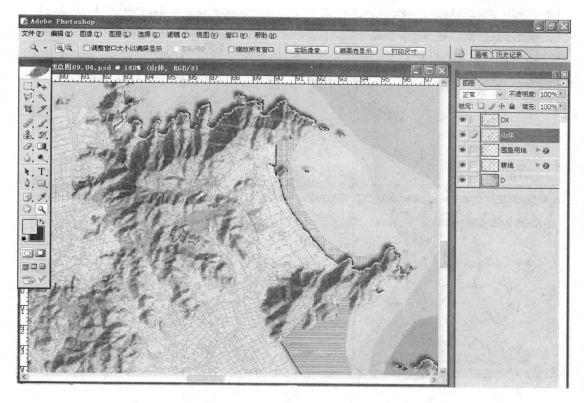

图 11-40　ArcGIS 制作的山体

5．村庄的制作

转入"村庄"图层填充颜色。方法同陆地的制作，不需要加阴影（范例中没有村庄的图层）。

## 三、用地和道路的制作

1．用地道路

这部分主要包括道路线、用地、水域、道路底等部分。

2．道路线

① 高速公路、铁路等各种类型道路交通（在 CAD 中一般用 Pline 线）。

② 按照道路等级分的一级公路、二级公路等（在 CAD 中一般用 Pline 线）。

③ 中心城区的道路（在 CAD 中一般用双线，既道路红线表示，因此需要在 Photoshop 中填充道路底色）。

3．道路线的制作

① 将 CAD 中的道路线形 A-B-C-D 逐层导入 Photoshop 中，单线的给阴影。中心城区时用双线，如图 11-41 所示。

② 新建一个图层组，起名"DL"，将前面道路线的图层装入图层组。图层组的好处是将一种类别的图层放入一个文件夹里，查找、修改容易找到，方便管理，如图 11-42 所示。

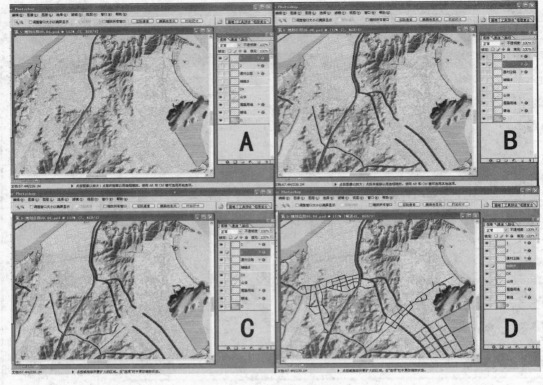

图 11-41　道路制作过程

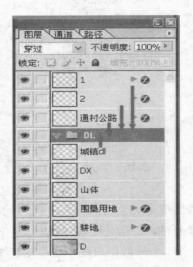

图 11-42　道路图层管理

4．用地和水域的制作

用地和村庄的制作一样。在 CAD 中打开所有用地图层，转入 PSD 中。用地的边线为黑色，用地颜色参考图例，如图 11-43 所示，用地放在道路线的图层下。

水域也是同样转入 PSD 中，在图层样式中，勾选内阴影，对阴影大小、强弱进行调解，如图 11-44 所示。

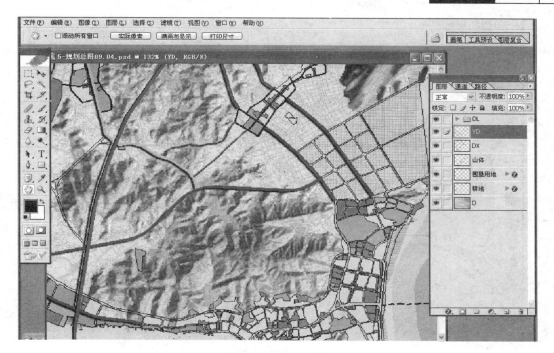

图 11-43 用地制作

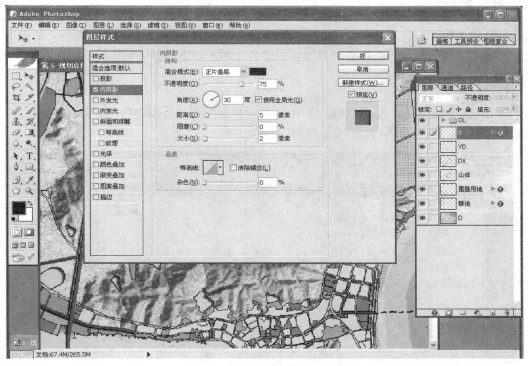

图 11-44 水域制作

5. 道路底的制作

中心城区道路线转入 PSD 后，将外围空白处删除，留下道路线及内部的填充白色。将图层放入用地层的下面，如图 11-45 所示。

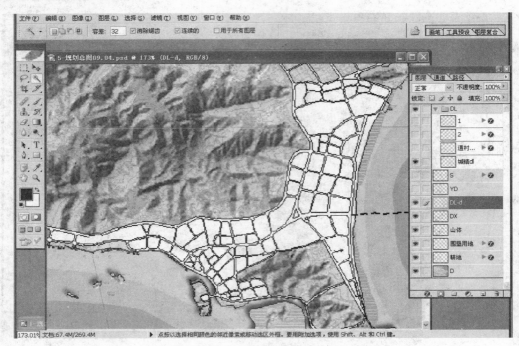

图 11-45　道路底的制作

## 四、符号和控制线的制作

符号包含很多，以示例来说有立交、机场、港口等。控制线包括规划控制线，如高压线、风景保护区范围线等；还包括各种界限，如市界、地界、中心城区范围线、城镇建设用地边界等。

### 1. 符号的制作

将 CAD 中的符号转入 PSD（图 11-46），用魔棒删除符号外围白色，如果 CAD 颜色不好，可以调整颜色，然后给图层加阴影，如图 11-47 所示。

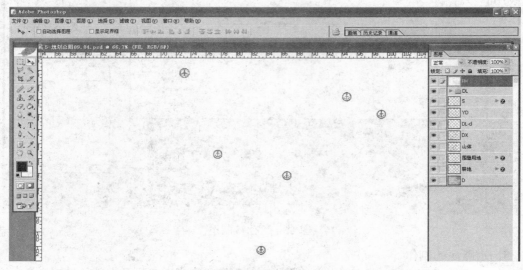

图 11-46　符号导入

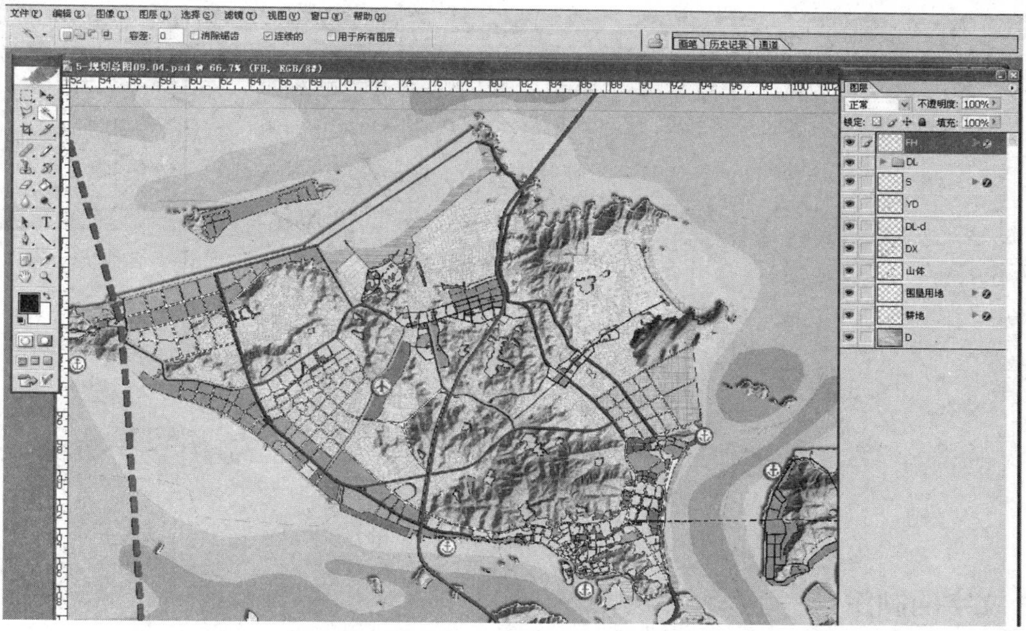

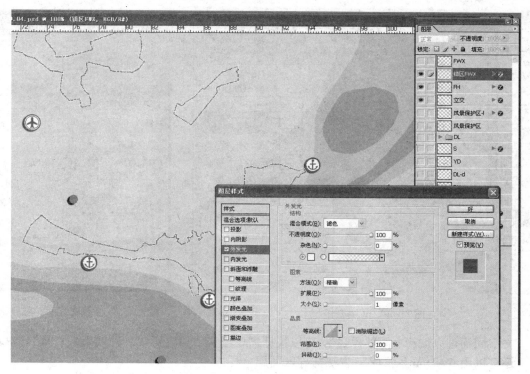

图 11-47　符号图层添加投影

### 2. 控制线的制作

控制线的制作同符号。图层样式中可以选择"外发光"（图 11-48）。风景区保护范围线做好后，新建一个图层，起名"风景保护区范围线-d"，用魔棒选择范围线内部，填充相同颜色，透明度给 50%，如图 11-49 所示。

图 11-48　外发光控制线制作

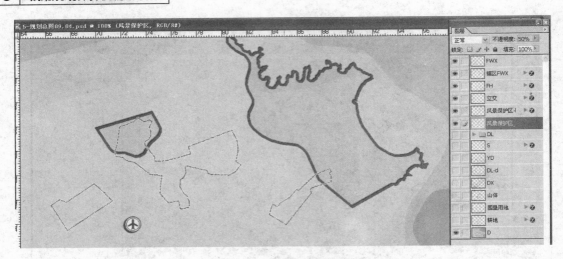

图 11-49　修改风景层透明度

## 五、文字的制作

　　首先建一个文件夹"文字"，以便将多种文字放在文件夹中方便管理。

　　点选文字工具（T），在图面上点一下，选择字体"黑体"、字的大小"30"、字的样式"无"，如图 11-50 所示。可以更改字体颜色，调整字符和段落，如图 11-51 所示。

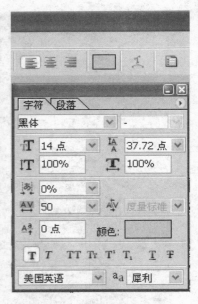

图 11-50　文字制作　　　　　　　　　图 11-51　修改文字字符和段落

　　文字同样可以编辑"图层样式"。可以根据需要给文字加阴影或各种效果，如图 11-52 所示。还可以由 CAD 导入文字，方法与导入图层一样。

## 六、图例和风向玫瑰的制作

① 图例的文字由 CAD 导入，选择一个矩形框，反选后删除外围的白色，如图 11-53 所示。

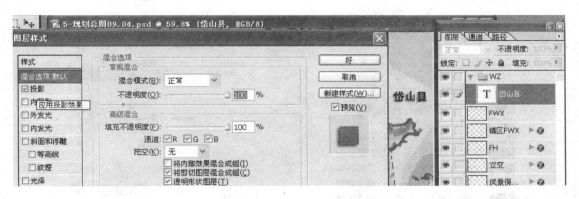

图 11-52　修改文字图层样式

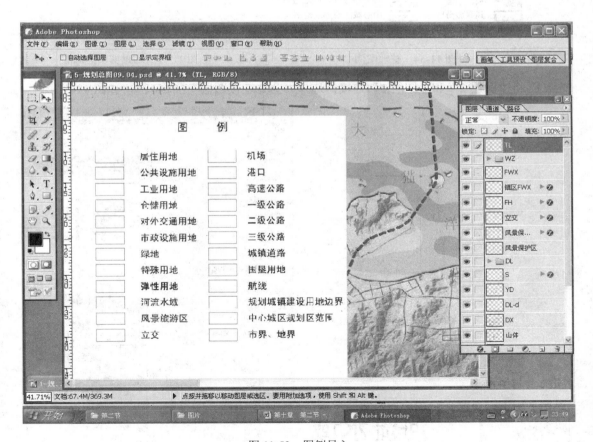

图 11-53　图例导入

② 将所有图例内容导入，魔棒选择连续的，删除外围，如图 11-54 所示。

③ 将"河流水域"以下部分选择，在选区内点右键，点选"通过剪切的图层"，将"图层2"给阴影，如图 11-55 所示。同样将"河流水域"给内阴影，如图 11-56 所示。

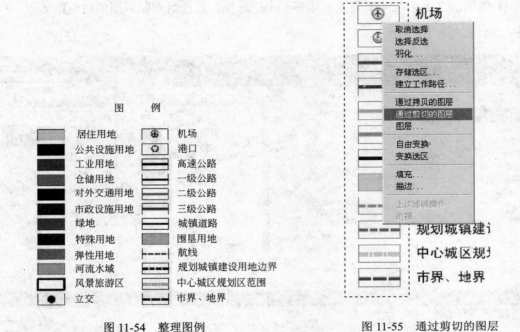

图 11-54　整理图例　　　　　　　　　　　　　　图 11-55　通过剪切的图层

④ 将"图层2"和"图层3"连接，选择"合并连接图层"（Ctrl+E），如图 11-57 所示。

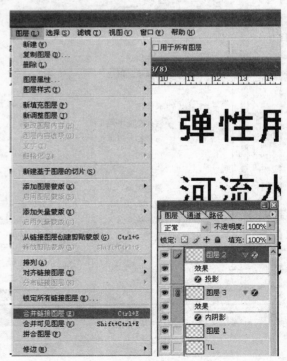

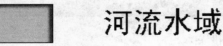

图 11-56　水域内阴影制作　　　　　　　　　　　图 11-57　合并图层

⑤ 魔棒连续选择"风景区范围线"内部区域，新建一个图层，填充"风景区范围线"的颜色，透明度为 50%，如图 11-58 所示。将图层 1、图层 2、图层 3 和 TL 合并。

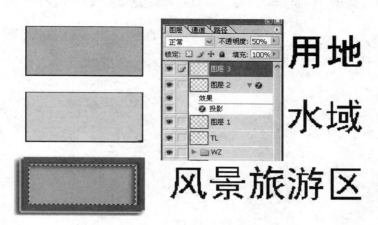

图 11-58　风景区图例制作

⑥ 风向玫瑰从 CAD 导入，如图 11-59 所示。

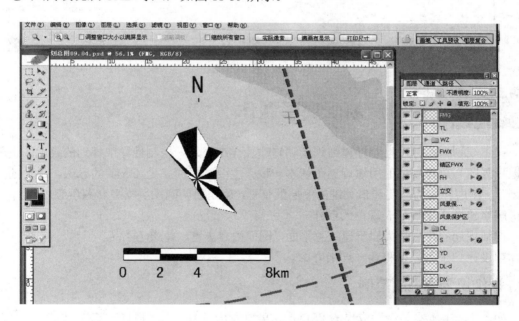

图 11-59　导入风向玫瑰图

## 七、图框的制作

① 从 CAD 导入，上下边框填充颜色，文字填充白色；或者在 PSD 中上下边框做好选区，填充颜色，写入文字，如图 11-60 所示。

② 注意图框中应包括：项目名称（英文可以不写），图纸编号，图纸名称，设计单位，时间等。

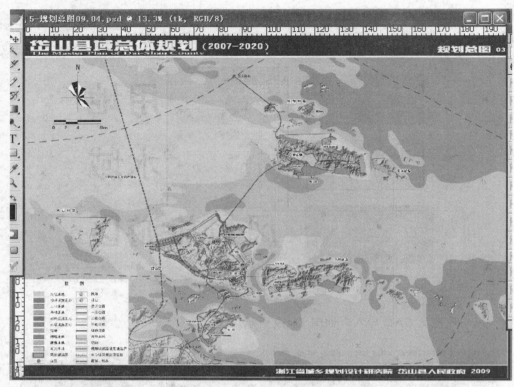

图 11-60　图框的制作

## 第三节　详细规划表现图制作

　　详细规划有两种，控制性详细规划和修建性详细规划。控制性详细规划的表现图也就是用地规划图与总体规划的用地规划图基本一致。主要掌握的就是 CAD 的导入，地块的填充和删除，图层样式的应用和最关键的图层的管理（就是要明确图层类型和图层顺序）。本节重点讲解修建性详细规划表现图的制作。

　　详细规划的特点是类似于建筑总平面，图面内容丰富，建筑、小品、道路、铺地、绿地、水体都设计到了。以下将逐一详细介绍。

### 一、详细规划表现图范例

　　如图 11-61 所示是最后成果的 PSD 图，可以看出"图框"、"风向玫瑰"、"文字"、"范围线"、"地形"与总体规划内容一致，制作方法也与总体规划一致，这里不作赘述。下面重点介绍"外围"、"树"、"建筑"、"绿化与停车"、"水"、"铺地"、"道路及底色"。

### 二、"外围"的制作

　　"外围"的意思就是规划范围以外的内容。制作图纸中，基本上都会包括规划范围以外的内容。为了更好地表现规划范围内的内容，可以将规划范围外的内容"淡化"或者"弱化"。

　　CAD 中已经绘制了规划外围外的内容。转入 PSD 时也将这部分制作的与"范围内"颜色和详细程度基本一致。可以通过再覆盖一层半透明白色，将"外围"内容淡化，如图 11-62

所示。

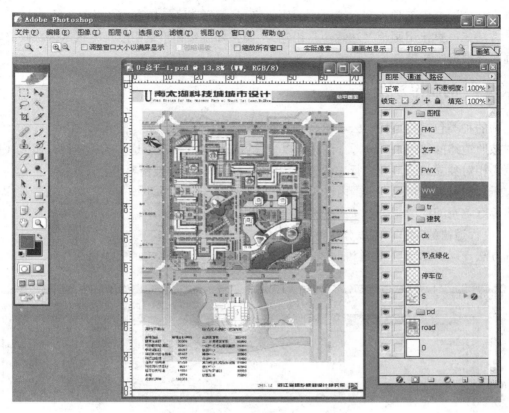

图 11-61 修规案例

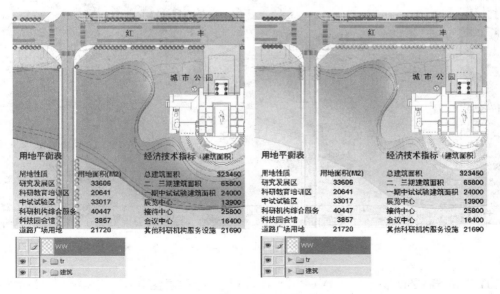

图 11-62 淡化外围内容

首先新建图层，起名，其次可以用三种方法达到效果。

方法一：矩形选区，填充白色，给适当的透明度。

方法二：套索工具（注意给一定的羽化值），做好选区，填充白色。

方法三：直接用画笔（注意不是铅笔），调整好流量和不透明度，将指定区域画好。注意画面要根据需要控制均匀程度。

## 三、"树"的制作方法

树的种类包括行道树、云状树、景观树。

按照道路的等级来区分，行道树可以分成城市道路（主次干道）的行道树，园区（规划范围为相对独立的园区）内行道树。也可以统一一致，没有硬性要求。

景观树可以是指规划范围内，集中绿地上大小不一、分布不均的一些树，或者是住宅、公建等庭院空间的树。可以按照大小区分制作。

1. 行道树的制作（可以分两种方法）

方法一：CAD 导入行道树的线，将其填上颜色，给阴影，如图 11-63 所示。

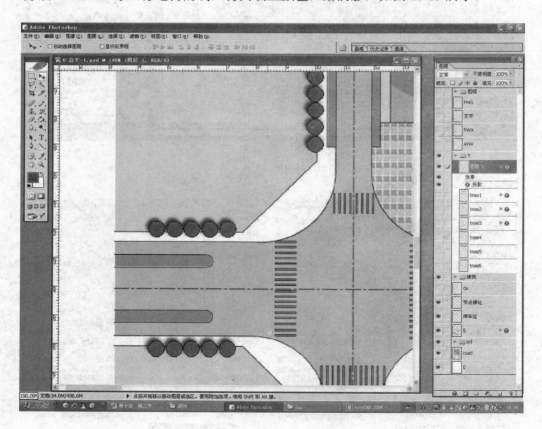

图 11-63　制作行道树

方法二：将 CAD 线导入 PSD（图 11-64）新建一个图层在下方，用画笔画出树的暗部和亮部（图 11-65），给阴影（图 11-66），将这棵树选中（Ctrl+点选图层），复制（在移动工具下，Alt+移动鼠标）（如图 11-67）。这种方法使树木更好看，但是行道树移动起来相对麻烦。

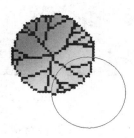

图 11-64　导入行道树　　　　　　　　　图 11-65　画笔制作行道树

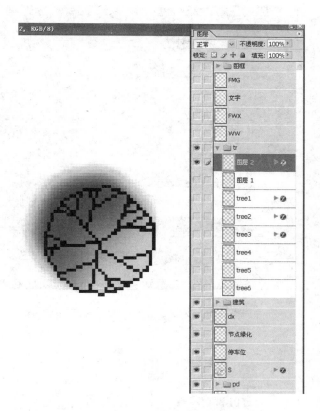

图 11-66　添加投影

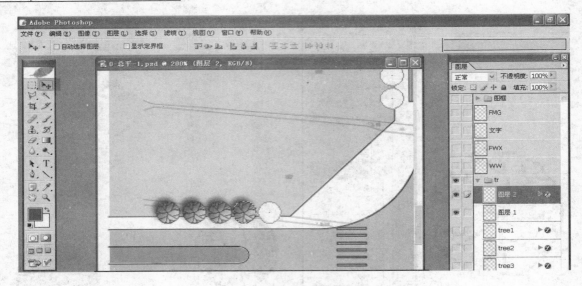

图 11-67　复制行道树

　　范例中将城市道路行道树和园区内行道树用颜色区分开，可以更好地表达规划范围内的内容，如图 11-68 所示。

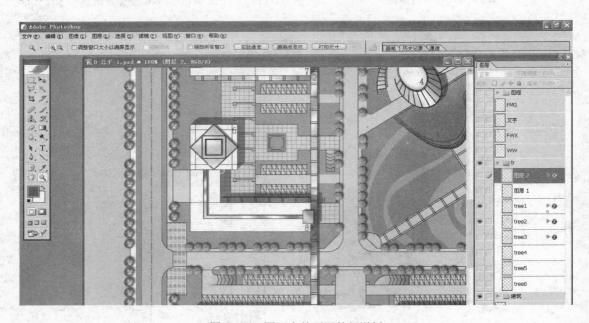

图 11-68　园区内外不同的行道树

　　2．云状树的制作

将 CAD 云状树的线框导入，填充颜色，如图 11-69 所示。

　　3．景观树的制作

较为密集小一些的景观树可以直接从 CAD 导入填充颜色。较大的景观树或者在重要的开敞空间需要特别表达的景观树需要单独制作，制作方法与行道树"方法二"一样如图 11-70 所示。

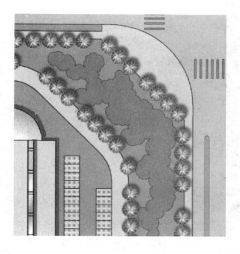

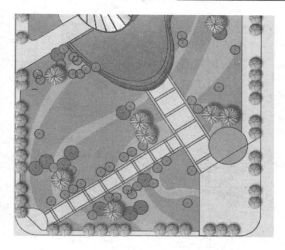

图 11-69　云状树的制作　　　　　　　　图 11-70　景观树的制作

## 四、"建筑"的制作方法

建筑的制作重点在于阴影的制作。

① 将建筑的线框和层数——导入。

② 选择小品类，如"膜结构"用魔棒选择内部，填充颜色如图 11-71 所示。

③ 阴影的制作。选择"膜"填充好的区域（Ctrl+点选"膜"图层），新建图层放入"膜"图层下方，填充黑色，给透明度 60%，移动工具（V），鼠标在选区内，同时按住 Ctrl+Alt（就是要复制所选择的内容），交替点击右键和上键。根据图纸比例，自行估算阴影的大小，如图 11-72 所示。

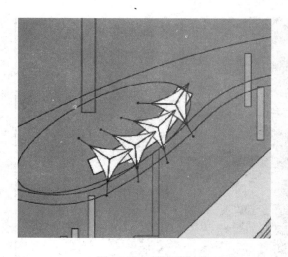

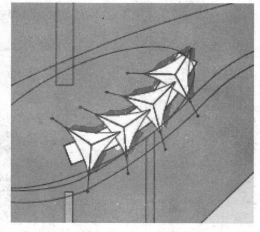

图 11-71　填充膜结构　　　　　　　　图 11-72　给膜结构添加阴影

④ 导入低层建筑（图 11-73）。玻璃顶处，用画笔选择适当的颜色，间断擦画出玻璃的效果（图 11-74），制作出低层的阴影（图 11-75）。

⑤ 导入小高层建筑。建筑填充，阴影制作同上（图 11-76）。

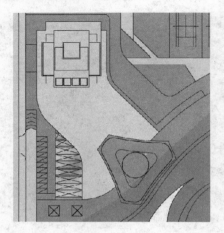

图 11-73　低层顶制作

图 11-74　画笔修改玻璃顶

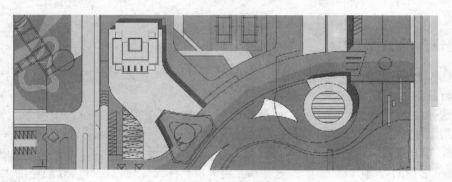

图 11-75　低层建筑阴影

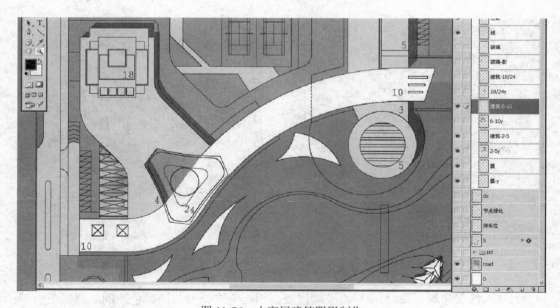

图 11-76　小高层建筑阴影制作

　　重点：这里需要注意（图 11-77），10 层建筑的阴影落在 3 层建筑和 4 层建筑上的长度是不一样的（图 11-78）。

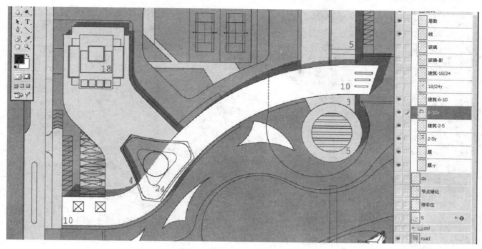

图 11-77　高低层建筑阴影的关系

a. 先算好 10 层建筑分别需要在 3～5 层的裙房上投影。

b. 整体做出 5 层的阴影长度（图 11-79）。

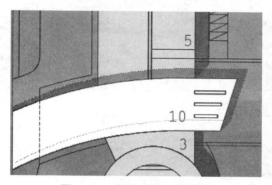

图 11-78　高低层建筑阴影制作

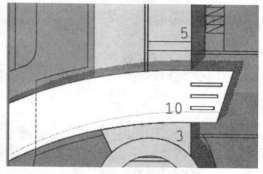

图 11-79　高低层建筑阴影制作技巧

c. 关掉此图层，新建一层，填充阴影，继续右上移动出 1 层的阴影长度（图 11-80），同样在建一层，填充，移动阴影，（图 11-81）。

d. 同③，将最后落在地上的阴影复制出来（图 11-82）。

e. 将所有阴影打开，用魔棒，选取 5 层建筑所在处的阴影部分，将 5 层建筑上的其他图层阴影逐层删除（图 11-83）。

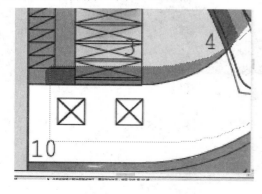

图 11-80　移动阴影

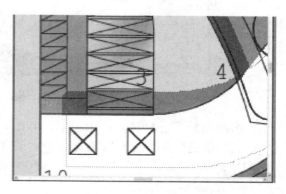

图 11-81　移动阴影

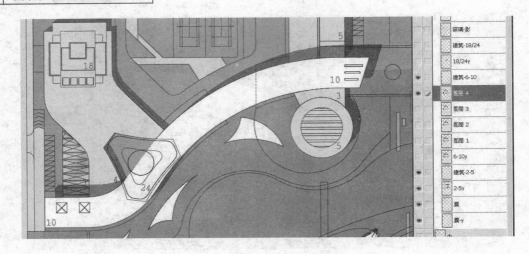

图 11-82　复制地面上的阴影

f. 同样将 4 层、3 层上的阴影处理好（图 11-84）。

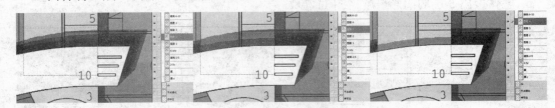

图 11-83　逐层删减阴影

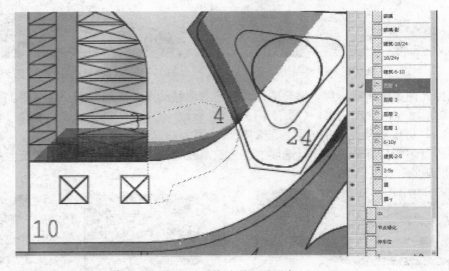

图 11-84　修改阴影透明度

g. 将此处所有阴影图层透明度改为 100%，合并图层（图 11-85）。

h. 将图层透明度改为 60%（图 11-86、图 11-87）。

i. 阴影制作完成。

⑥ 高层建筑同上（图 11-88）。

⑦ 最后导入玻璃，做出玻璃阴影（图 11-89）。

图 11-86 修改透明度

图 11-87 合并图层

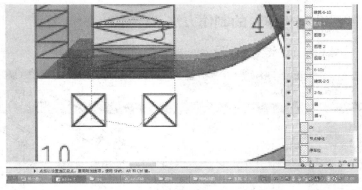

图 11-85 合并图层

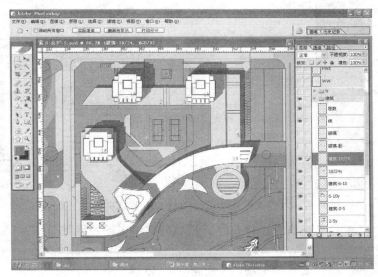

图 11-88 高层建筑阴影制作

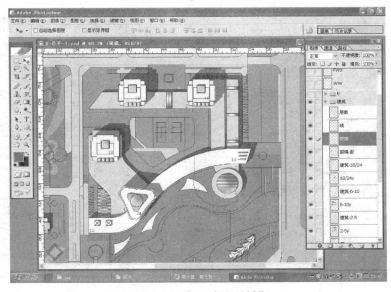

图 11-89 高层玻璃顶制作

### 五、"绿化与停车"的制作方法

① 绿化节点将 CAD 导入，填充颜色（图 11-90）。

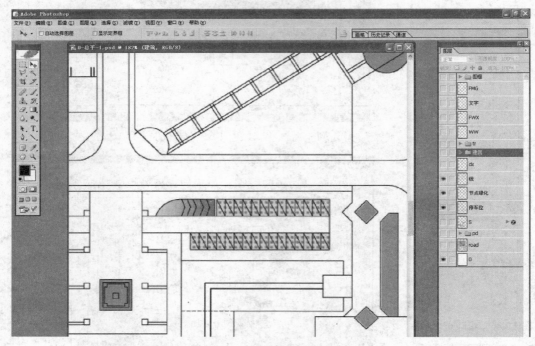

图 11-90　导入并填充节点绿化

② 停车场有路面停车场、植草砖式停车场和地下车库入口。路面停车场直接填充道路颜色。

③ 植草砖式停车场，先新建一个 35 像素×35 像素的图纸，填充颜色（如图 11-91）。执行"编辑"→"自定义图案"，并起名（如图 11-92）。

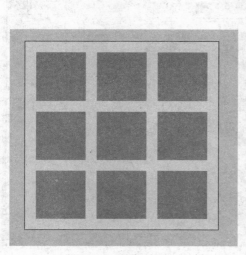

图 11-91　植草砖制作

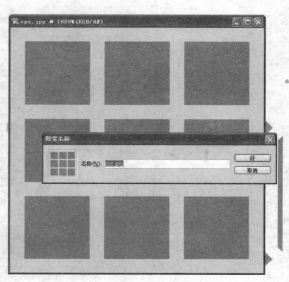

图 11-92　自定义图案

选择要填充的区域，执行"编辑"→"填充"（图 11-93）。选择刚刚定义好的图案填充到所选区域（图 11-94），按确定（图 11-95）。

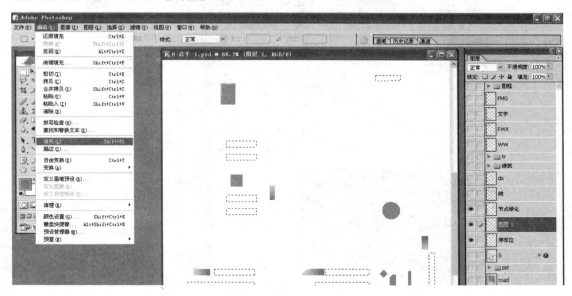

图 11-93　制作停车场选区

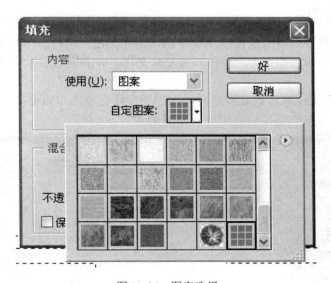

图 11-94　图案选择

图 11-95　填充所选图案

④ 地下车库入口在已有的选区内，使用渐变工具（图 11-96）。

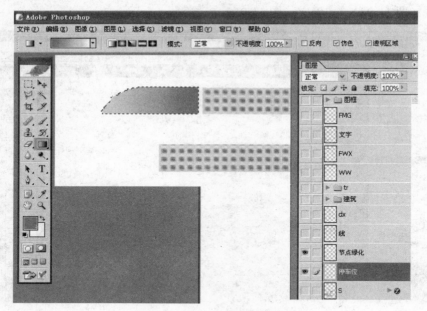

图 11-96 地下车库入库制作

## 六、"水"的制作方法

水的制作同总体规划水的制作，CAD 导入→填充颜色→给内阴影。但是在详细规划中图纸的比例更大，总体规划的水会比较单一且没有变化，详细规划中尽量可以尽量将水做得详细且富于变化。

① 给高光。在光线从南向北投射时，水的北岸线会较南岸线更亮。可以用画笔，适当的透明度和流量，点按北部岸线突出段（如图 11-97）。

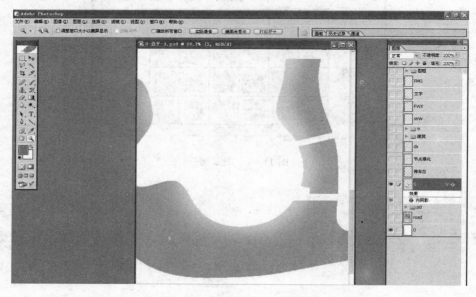

图 11-97 画笔制作岸线效果

② 给纹理。有波光粼粼的效果可以更好地表现水的动感。滤镜，纹理化，砂岩的纹理，凸现值不要太大（如图 11-98）。

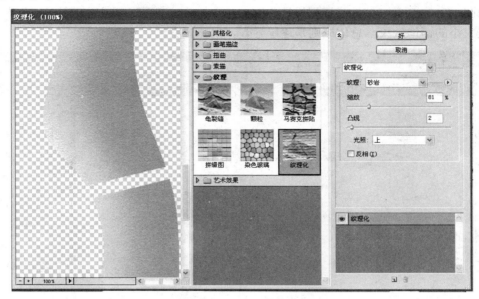

图 11-98　纹理化岸线

③ 内阴影。图层样式、方法同上。要注意内阴影的阴影处要与总体光线保持一致。

④ 还可以在一张有水纹的图片上自定义一块图案，然后填充。要注意，自定义的时候尽量四周明暗关系一致，质量较均匀，如果相差较大，填充的效果将不好。此方法可以自己尝试（如图 11-99 参考样式）。

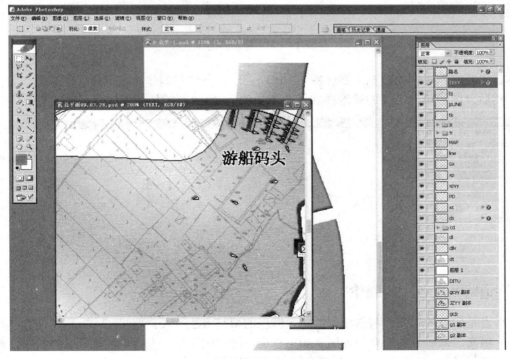

图 11-99　定义图案法制作水

## 七、"铺地"的制作方法

如图 11-100 所示，铺地是根据设计方案来决定的。对于不同区域需要不同的色彩、不同的体块大小的铺地效果。总体原则是逐层导入，填充图案。

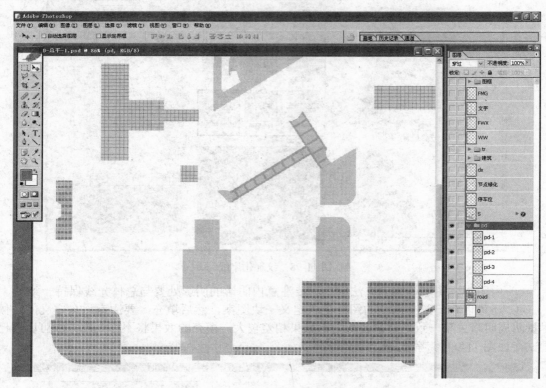

图 11-100　铺地的制作

首先要制作不同的填充图案（图 11-101）。制作方法与制作"植草砖式停车场"方法一致。然后分图层填充需要的铺地样式（图 11-102）。将所有铺地图层放入一个文件夹中。

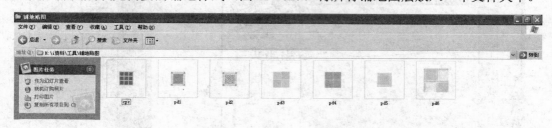

图 11-101　铺地图案制作

## 八、"道路及底色"的制作

重点是颜色的填充，与前面讲的总规颜色的填充方法一致。要将 CAD 图层闭合，逐层导入、填充，最后合并填充的图层（如车行道，绿化隔离带，人行道，规划区内道路，规划区内绿地的底）。如果有山体，制作方法与总规山体制作方法一致。

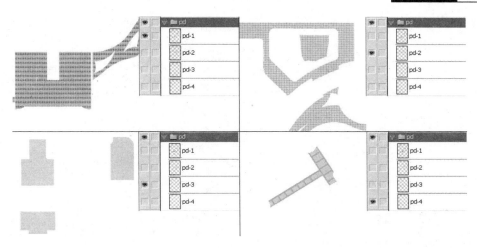

图 11-102　分别填充图案

　　要注意的是，外围图底填充好之后，用画笔将边缘淡化，使得整个图面效果中心重点要表达的内容突出（图 11-103）。

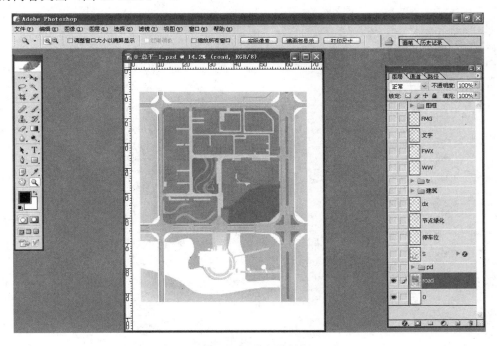

图 11-103　道路的制作

　　至此，所有的制作完成，打开所有图层，剩下的设置标题、图例、图框等内容同上一节。结果如图 11-61 所示。

## 复习思考题

1. 完成上述图形制作
2. 完成 CAD 章节习题中其他所有图的渲染

# 附录
## 城市规划要素图例

1. 城市规划的规划要素图例应用于各类城市规划图中表示城市现状、规划要素与规划内容。

2. 城市规划图中规划要素图例的选用宜符合下表的规定。规划要素图例与符号为单色图例。

城市规划要素图例

| 图　例 | 名　称 | 说　明 |
|---|---|---|
| | **城　镇** | |
|  ◎ --- 6 | 直辖市 | 数字尺寸单位 mm（下同） |
|  ◉ --- 6 | 省会城市 | 也适用于自治区首府 |
|  ◎ --- 4 | 地区行署驻地城市 | 也适用于盟、州、自治区首府 |
|  ⊙　　● --- 4 | 副省级城市、地级城市 | |
|  ⊙ --- 4 | 县级市 | 县级设市城市 |
| 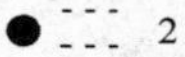 ● --- 2 | 县城 | 县（旗）人民政府所在地镇 |
| 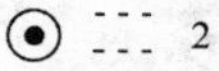 ⊙ --- 2 | 镇 | 镇人民政府驻地 |
| | **行　政　区　界** | |
| | 国界 | 界桩，界碑，界碑编号数字单位 mm（下同） |
| 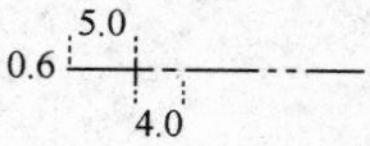 0.6 ┣5.0┫ 4.0 | 省界 | 也适用于直辖市、自治区界 |
| 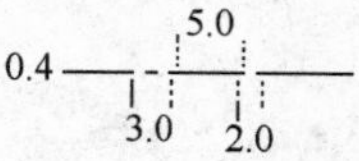 0.4 ┣5.0┫ 3.0 2.0 | 地区界 | 也适用于地级市，盟，州界 |
| 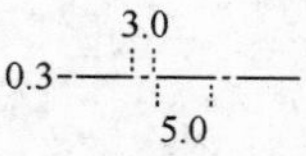 0.3 ┣3.0┫ 5.0 | 县界 | 也使用于县级市，旗，自治县界 |
| 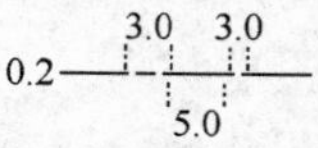 0.2 ┣3.0 3.0┫ 5.0 | 镇界 | 也使用于乡界，工矿区界 |
| 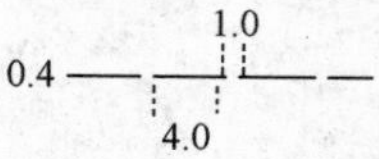 0.4 ┣1.0┫ 4.0 | 通用界线（1） | 适用于城市规划区界，规划用地界，地块界，开发区界，文物古迹用地界，历史地段界，城市中心区范围等 |
| 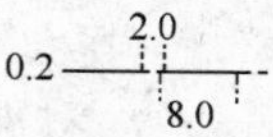 0.2 ┣2.0┫ 8.0 | 通用界线（2） | 适用于风景名胜区，风景旅游等地名要写全称 |

续表

| 图 例 | 名 称 | 说 明 |
|---|---|---|
| **交 通 设 施** | | |
| 民用<br>军用 | 机场 | 适用于民用机场<br>使用于军用机场 |
| | 码头 | 500 吨位以上码头 |
| 干线 10.0<br>支线<br>地方线 | 铁路 | 站场部分加宽 |
| G104(二) | 公路 | G—国道（省，县道写省，县）<br>104—公路编号<br>（二）—公路等级（高速，一，二，三，四） |
| | 公路客运站 | |
| | 公路用地 | |
| **地形、地质** | | |
| $i_1$ $i_2$ $i_3$ | 坡度标准 | |
| | 滑坡区 | 虚线为内滑坡范围 |
| | 崩塌区 | |
| | 溶洞区 | |
| | 泥石流区 | 小点之内示意泥石流边界 |
| | 地下采空区 | 小点围合以内示意地下采空区范围 |
| | 地面沉降区 | 小点围合以内示意地面沉降范围 |
| | 活动性地下断裂带 | 符号交错部位是活动性地下断裂带 |
| ⊗ | 地震烈度 | X 用阿拉伯数字表示地震烈度等级 |

续表

| 图　　例 | 名　　称 | 说　　明 |
|---|---|---|
| | 灾害异常区 | 小点围合之内为灾害异常区范围 |
| Ⅰ　　Ⅱ　　Ⅲ | 地质综合评价类别 | Ⅰ—适宜修建地区<br>Ⅱ—采取工程措施方能修建地区<br>Ⅲ—不宜修建地区 |
| **城　镇　体　系** | | |
| | 城镇规模等级 | 单位：万人 |
| | 城镇职能能级 | 分为工 贸 交 综等 |
| **郊　区　规　划** | | |
| | 村镇居民点 | 居民点用地范围应标明地名 |
| | 村镇居民规划集居点 | 居民点用地范围应标明地名 |
| | 水源地 | 应标明水源地地名 |
| | 危险品库区 | 应标明库区地名 |
| | 火葬场 | 应标明火葬场所在地名 |
| | 公墓 | 应标明公墓所在地名 |
| | 垃圾处理消纳地 | 应标明消纳地所在地名 |
| | 农业生成用地 | 不分种植物种类 |
| | 禁止建设的绿色空间 | |
| | 基本农田保护区 | 经与土地利用总体规划协调后的范围 |

续表

| 图 例 | 名 称 | 说 明 |
|---|---|---|
| 城 市 交 通 | | |
| | 快速路 | |
| | 城市轨道交通线路 | 包括：地面的轻轨，有轨电车……<br>地下的地下铁道…… |
| | 主干路 | |
| | 次干路 | |
| | 支路 | |
| | 广场 | 应标明广场名称 |
| | 停车场 | 应标明停车场名称 |
| | 加油站 | |
| | 公交车场 | 应标明公交车场名称 |
| | 换乘枢纽 | 应标明换乘枢纽名称 |
| 给水，排水，消防 | | |
| | 水源井 | 应标明水源井名称 |
| | 水厂 | 应标明水厂名称，制水能力 |
| | 给水泵站（加压站） | 应标明泵站名称 |
| | 高位水池 | 应标明高位水池名称，容量 |
| | 贮水池 | 应标明储水池名称，容量 |

| 图　例 | 名　称 | 说　明 |
|---|---|---|
| | 给水管道（消火栓） | 　小城市标明 100mm 以上管道, 管径大中城市根据实际可以放宽 |
| 119 | 消防站 | 　应标明消防站名称 |
| | 雨水管道 | 　小城市标明 250mm 以上管道, 管径大中城市根据实际可以放宽 |
| | 污水管道 | 　小城市标明 250mm 以上管道, 管径大中城市根据实际可以放宽 |
| 1.5 | 雨、污水排放口 | |
| | 雨、污泵站 | 　应标明泵站名称 |
| 10　6　污水处理 | 污水处理厂 | 　应标明污水处理厂名称 |
| 电力、电信 | | |
| 100kW | 电源厂 | 　kW 之前写上电源厂的规模容量值 |
| 100kV　100kW　100kV | 变电站 | 　kW 之前写上变电总容量<br>　kV 之前写上前后电压值 |
| kV　地 | 输、配电线路 | 　KV 之前写上输、配电线路电压值<br>　方框内：地—地埋, 空—架空 |
| kV　p | 高压走廊 | 　P 宽度按高压走廊宽度填写<br>　kV 之前写上线路电压值 |
| | 电信线路 | |
| △ △ ▲ | 电信局<br>支局、所 | 　应标明局、支局、所的名称 |
| (((((○)))))  | 收、发信区 | |
| | 微波通道 | |
| | 邮政局、所 | 　应标明局、所的名称 |
| | 邮件处理中心 | |

续表

| 图　例 | 名　称 | 说　明 |
|---|---|---|
| 燃　气 | | |
| R | 气源厂 | 应标明气源厂名称 |
| DN 压 R | 输气管道 | DN—输气管道管径<br>压—压字之前填高压、中压、低压 |
| 储气站 RC 10m³ | 储气站 | 应标明储气站名称，容量 |
| RT | 调压站 | 应标明调压站名称 |
| RZ | 门站 | 应标明门站地名 |
| Ra | 气化站 | 应标明气化站名称 |
| 绿　化 | | |
| ○○○ ○○ | 苗圃 | 应标明苗圃名称 |
| ●●● ●● | 花圃 | 应标明花圃名称 |
| ∵∵∵ ∵∵ | 专业植物园 | 应标明专业植物园全称 |
| ⋯⋯ | 防护林带 | 应标明防护林带名称 |
| 环卫、环保 | | |
| 8 | 垃圾转运站 | 应标明垃圾转运站名称 |
| H 环卫码头 | 环卫码头 | 应标明环卫码头名称 |
| ◼◻ | 垃圾无害化处理厂（场） | 应标明处理厂（场）名称 |
| H | 储粪池 | 应标明储粪池名称 |
| 不不 | 车辆清洗站 | 应标明清洗站名称 |
| H | 环卫机构用地 | |

| 图 例 | 名 称 | 说 明 |
|---|---|---|
| HP | 环卫车场 | |
| HX | 环卫人员休息场 | |
| HS | 水上环卫站（场、所） | |
| WC | 公共厕所 | |
| ◉ | 气体污染源 | |
| ◯ | 液体污染源 | |
| ⦂ | 固体污染源 | |
| ◯ | 污染扩散范围 | |
| ◯ | 烟尘控制范围 | |
| ⊤ | 规划环境标准分区 | |

| | 防 洪 | |
|---|---|---|
| | 水库 | 应标明水库全称，m³之前应标明水库容量 |
| | 防洪堤 | 应标明防洪标准 |
| | 匣门 | 应标明匣门口宽、匣名 |
| ⊟—C | 排涝泵站 | 应标明泵站名称，朝向排出口 |
| → | 泄洪道 | |
| 滞洪区 | 滞洪区 | |

| | 人 防 | |
|---|---|---|
| 人防 | 单独人防工程区域 | 指单独设置的人防工程 |

续表

| 图 例 | 名 称 | 说 明 |
|---|---|---|
| 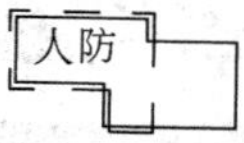 人防 | 附建人防工程区域 | 虚线部分指附建于其他建筑物、构筑物底下的人防工程 |
|  人防 | 指挥所 | 应标明指挥所名称 |
|  警报器 | 升降警报器 | 应标明警报器代号 |
| 防护分区 | 防护分区 | 应标明分区名称 |
| 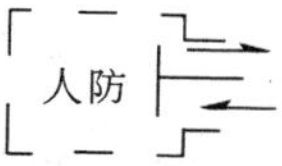 人防 | 人防出入口 | 应标明出入口名称 |
| 疏散道 | 疏散道 | |

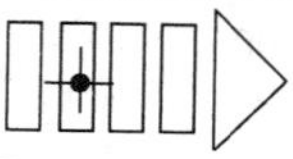

历史文化保护

| 图 例 | 名 称 | 说 明 |
|---|---|---|
|  国保 | 国家级文物保护单位 | 标明公布的文物保护单位名称 |
|  省保 | 省级文物保护单位 | 标明公布的文物保护单位名称 |
|  市县保 | 市县级文物保护单位 | 标明公布的文物保护单位名称，市、县保是同一级别，一般只写市保或县保 |
|  文保 | 文物保护范围 | 指文物本身的范围 |
| 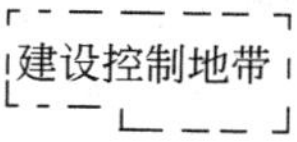 建设控制地带 | 文物建设控制地带 | 文字标在建设控制地带内 |
| 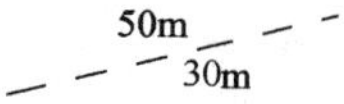 50m / 30m | 建设高度控制区域 | 控制高度以米为单位，虚线为控制区的边界线 |
| 古城墙 | 古城墙 | 与古城墙同长 |
|  古建筑 | 古建筑 | 应标明古建筑名称 |
| 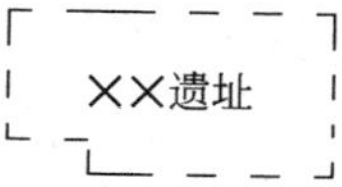 ××遗址 | 古遗址范围 | 应标明遗址名称 |

# 参考文献

[1] 张忠蓉编. AutoCAD 2006 中文版实用教程. 北京：机械工业出版社. 2008.

[2] 宋安平主编. 建筑制图. 北京：中国建筑工业出版社. 1997.

[3] 虞春隆编著. 计算机辅助建筑与规划设计. 武汉：华中科技大学出版社. 2008.

[4] 李德华主编. 城市规划原理. 北京：中国建筑工业出版社. 2001.

[5] 郑毅主编. 城市规划设计手册. 北京：中国建筑工业出版社. 2000.

[6] （韩）崔钟振编著. PHOTOSHOP7 从入门到精通. 朴东日，李灿 译. 北京：海洋出版社，2002.

[7] 石文旭主编. Photoshop 8.0 案例教程上机指导与练习. 北京：电子工业出版社. 2005.